自始事迄终事，
农人胼手胝足之劳，
蚕女茧丝机杼之瘁，
咸备其情形状。

——玄烨·康熙三十五年（1696）

谨以此书献给我的导师蒋猷龙先生（1924—2009）

1982年，
他带我出差临安，
让我第一次认识《耕织图》……

機杼丹青

白謙慎題

吴祺《纺织图册》解读

A Study of *Weaving Album* by Wu Qi

赵 丰 —————— 著

中国美术学院出版社
CHINA ACADEMY OF ART PRESS

前言

《耕织图》创自南宋楼璹，一直是我国历代统治者宣扬以男耕女织为基本单位的农业大国的重要手段，在历史上形成了一个特别的艺术种类。许多宫廷画家奉旨作画，从南宋的刘松年到元代的赵孟頫，再到清代的焦秉贞、冷枚、陈枚等，都画过这一题材，并有传世之作。许多当时刊印的农书也把这一题材刻成插画，扩大宣传。从明代宋宗鲁翻刻的《耕织图》开始到邝璠的《便民图纂》插图，再到清代朝野皆刻的焦秉贞的《耕织图》，版本繁多，五花八门。《耕织图》同时也影响到了清代方观承创作的《棉花图》等。此外，一些文人画家也开始以耕织为题材创作，包括从传为宋代梁楷的《蚕织图》到明代仇英的《宫蚕图》，再到许多这一主题的绘画。再者，民间工艺品上也大量采用了这一题材，如瓷器、墨作、木刻、壁画等，所见甚多，可见官民皆重。

南宋的杭州，正是这一艺术门类的发源地。就在南宋禁苑的凤凰山西侧、玉皇山南麓，如今还留下了作为皇帝躬耕之地的八卦田，而在玉皇山北麓的中国丝绸博物馆，也保留了蚕桑丝织工艺的桑庐织室，同时也积累了一定数量与《蚕织图》相关的图像的收藏。

2013 年秋，中国丝绸博物馆在西泠印社秋季拍卖会上拍得第 436 号杭州吴祺《纺织图册》。此图册共 20 页，每页约 21cm × 19cm，封面封底均由宋锦装裱，内芯自蚕蛾始到成衣止，主要绘制了缫丝、捻线、络纺、织染、成衣等过程。与其他《蚕织图》相比，该书更侧重于后道织造过程。这样的图册特别少见，也特别珍贵：一是对画家本人的观察能力要求更高，因为他描绘的是一个复杂的生产过程，特别需要生活的观察和体验；二是对纺织科技史的作用更大，书中记载的生产工具和工艺过程更为详细，尺寸也更为准确，更有学术资料价值。

《耕织图》在今日也同样深受世人重视，有人出书，有人重印，也有人举办展览。这套吴祺《纺织图册》也有一半左右的内容在中国丝绸博物馆二楼展出。今天我们将其正式介绍出来，希望为更多学者、同仁、爱好者提供详细的图像资料。

目录

一／吴祺其人

本套《纺织图册》的画者为吴祺，这主要是根据画册最后一页“成衣”左下角的上下两印判断的：上方为阴刻“吴祺之印”，下方为朱文“以振”，应该是吴祺的字。画中并无吴祺落款。

吴祺在画坛名头甚小。俞剑华编《中国美术家人名辞典》第305页有载：“吴祺，清，字以拒，钱塘（今杭州）人，人物宗陈洪绶，兼工山水，乾隆十四年（1749）尝作《溪山对晤图》。”

据俞剑华自注，吴祺的资料引自《耕砚田斋笔记》和《怀澄堂书画目录》。但我们查《耕砚田斋笔记》作者不详，书也无处可找。《怀澄堂书画目录》应该就是《澄怀堂书画目录》（山本悌二郎编著，澄怀堂铅印本，1931年出版），其中卷七提到吴祺的《溪山对晤图》立轴，并有款识“己巳委夏望日，雪崖山人吴祺写于青桐书屋”，钤“吴祺之印”“以拒”两印。

关于吴祺的字，《澄怀堂书画目录》提到一方印章为“以拒”，所以俞剑华所编《中国美术家人名辞典》也作“以拒”。但据临海市博物馆馆长陈引奭见告，吴祺章为“以挋”而非“以拒”。这一点，与萧山博物馆收藏的《梅山寻幽图》上的章相同，也是“吴祺之印”“以挋”两印。查“挋”字，《说文》，“给也，一曰约也”。又《集韵》，“拭也”。《尔雅・释诂》，“挋拭，刷清也”。《注》谓“拂除令洁清也，又与振同”。《楚辞・渔父》，“新浴者必挋衣，亦作振”。刚好我们收藏的《纺织图册》上的章为“以振”，说明“以挋”是正确的。

吴祺其他存世作品还有五幅，其中三幅有年款（详见本书“六/吴祺作品集录”）。最为明确的一幅是临海市博物馆藏《砚耕堂图》立轴，题记：“砚耕堂图，时雍正六年（1728）冬十一月五日，吴祺。”其余几幅只有干支纪年，没有年号。第二幅是吴祺的《仿范宽山水》立轴，上有款识：“仿范华原，甲辰三月写于介眉堂，钱塘吴祺。”这里的甲辰则有两种可能，一是 1724 年，为雍正二年；一是 1784 年，为乾隆四十九年。由于画上题款是“写于介眉堂”，“介眉”语出《诗经·豳风·七月》：“为此春酒，以介眉寿。”后以“介眉”为祝寿之词。而“介眉堂”仅见于此画，合理的推测是吴祺年岁大了之后所用的堂号。另外一幅吴祺的设色绢本立轴，题记为“雪崖吴祺写于青桐书屋，时在乙丑长夏日”，乙丑年即乾隆十年（1745）。而《澄怀堂书画目录》著录的《溪山对晤图》立轴有款“己巳委夏望日，雪崖山人吴祺写于青桐书屋”，这里的己巳应即乾隆十四年（1749）。

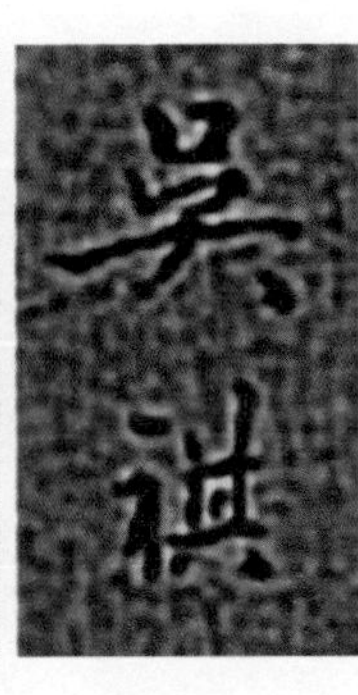

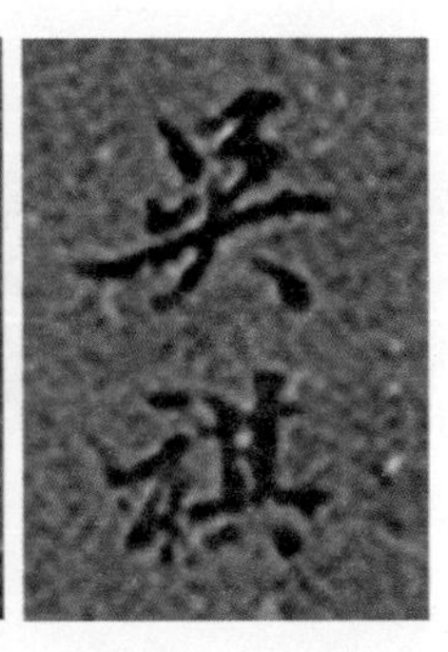

吴祺各画作中提到的明确时间有：戊申雍正六年（1728）、乙丑乾隆十年（1745）、己巳乾隆十四年（1749）和甲辰乾隆四十九年（1784），前后跨度 56 年。假设雍正六年（1728）时，吴祺为 24 岁，则吴祺可能出生于 1704 年，到乾隆四十九年（1784）已有 80 岁，所以自称为“介眉”，其主要活动时间应该在雍正到乾隆时期。但也有另一种可能是这里的甲辰为 1728 年，这样的话，吴祺应该是在雍正和乾隆早期（1724—1749）活跃于杭州画坛。而《纺织图册》应该是吴祺在乾隆年间较晚时期的作品，但朱印上用“以振”，与其他用“以挋”不同。

这样，我们可以给出一个更新的吴祺生平简介：吴祺，清，字以挋，一作以振，号雪崖山人，曾用堂名有砚耕堂、青桐书屋、介眉堂。钱塘（今杭州）人，人物宗陈洪绶，兼工山水，山水学范华原。约生于康熙晚期，死于乾隆晚期，雍正六年（1728）至乾隆四十九年（1784）间活跃于杭州画坛。

二／《蚕织图》与《纺织图册》的关系

南宋初年，浙江鄞县（今宁波市鄞州区）人楼璹出任于潜县令，为官数年，别的没有留下什么，却留下了一套《耕织图》，当即就被宋高宗书姓名于屏间。据载，《耕织图》共有耕、织两部分，合可称《耕织图》，分则可称《耕获》和《蚕织》。宋高宗可能将其中的蚕织部分传给后宫看了。吴皇后又将其中的《蚕织》部分进行了摹写，改题诗为题注，所以才有了后来传世的宋人《蚕织图》，该图现在收藏于黑龙江省博物馆。

《蚕织图》在宋元之际多为绢本卷轴形式。在美国克利夫兰艺术博物馆和日本东京国立博物馆的两件传为宋人梁楷所作的《蚕织图》也是绢本卷轴，两卷相似，但卷长稍为不同，被认作是江户时期的仿品。传为元代程棨所作的《耕织图》现藏于美国弗利尔博物馆，此幅却为纸本，其真伪目前尚有争议。

此后采用绢本卷轴形式的主要是明代仇英的《宫蚕图》，包括他本人或是后人仿的许多版本。在我看到过的仇英本中，画得最好的是中国国家博物馆所藏的《宫蚕图》。

到清代，康熙帝于康熙二十八年（1689）南巡，命焦秉贞绘《耕织图》各二十三事，焦秉贞《御制耕织图》自康熙三十五年（1696）于内府刊刻初版后，坊肆私家多有摹刻，故传世版本极盛。在康熙本朝，就有康熙三十八年（1699）张鹏翮翻刻本，康熙五十一年（1712）内府刻本、内府白描本、彩绘《胤禛耕织图》；乾隆年间有康熙、雍正、乾隆三帝题诗刻本，内府刻《授时通考》本，乾隆四年（1739）年内府拓刻本（图刻诗拓），乾隆三十四年（1769）刻朱墨套印本、木刻填色本、圆明园拓本等数种。

目前来看，吴祺生活的年代刚好是康熙到乾隆年间《耕织图》刻本大量刊印之时，他肯定看到了相应的版本，才创作了这套《纺织图册》。从各方面来看，吴祺的《纺织图册》受到焦秉贞图的影响还是非常大的。这种影响表现在两个方面：一是风格，从册页的形式、基本正方的形状、册页的数量，以及尺寸大小，都非常相似；二是画中的布局，我们比较有着相同名称的几幅，自然环境和建筑物的相对方位、人物安排的相互关系等都很相似，只是焦秉贞的作品更有宫廷味道，吴祺的作品则更有民间气息而已。从年代来看，焦秉贞《耕织图》经过康熙皇帝的推广，在当时成了潮流范式。而吴祺参考焦秉贞《耕织图》再延伸和发展，也是正常的。

不过，从《蚕织图》所表现的蚕织工艺过程的次序来看，吴祺和楼璹、吴皇后及焦秉贞等几个版本的次序却有着较大的不同。

1. 楼璹《蚕织图》工艺流程

南宋初年，于潜县令楼璹绘制的《耕织图》，创一代范式，共设耕图二十一事，织图二十四事。其正本进呈宋高宗，被翰林画院摹绘成彩色绢本，收于宫内，成为皇室成员了解蚕织生产的参考和欣赏品；副本留在家中，后由楼钥题跋、刻石保留，并在民间流传。楼璹的《蚕织图》虽已不存，但所画的工艺流程可在其相应的图诗中看出，应该是比较合理的，包括浴蚕、下蚕、喂蚕、一眠、二眠、三眠、分箔、采桑、大起、捉绩、上簇、炙箔、下簇、择茧、窖茧、缫丝、蚕蛾、祀谢、络丝、经、纬、织、攀花、剪帛。由于没有看到楼璹的原图，不好猜测画中是否有不相符之处。但从同时代吴皇后本《蚕织图》和梁楷《蚕织图》的画风来看，当时的原图总体应该比较写实。

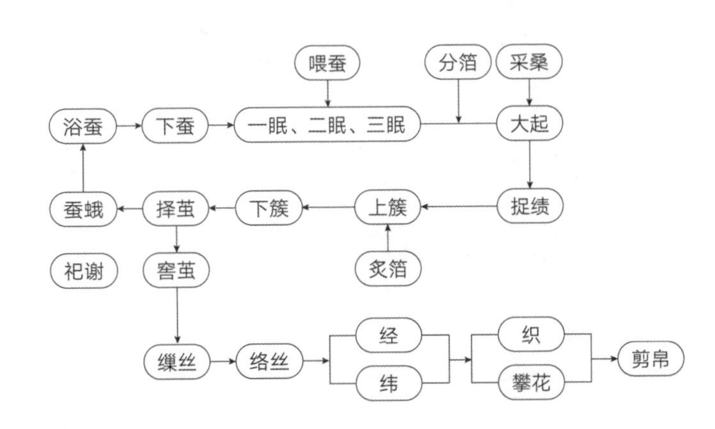

楼璹《耕织图》图诗所描述的蚕织生产工艺流程图

2. 吴皇后题注本《蚕织图》工艺流程

目前传世最早的《蚕织图》是南宋吴皇后题注本，画得很准，同时配有详细的图注，特别是关于蚕桑的描述最为准确。其工艺过程包括浴蚕、暖种、拂乌儿、摘叶、切叶、体喂、一眠、二眠、三眠、暖蚕、大眠、眠起喂大叶、忙采叶、簿簇、拾巧上山、装山、熇茧、下茧、蚕蛾出种、谢神、约茧、剥茧、称茧、盐茧、瓮藏、生缫、络垛、箧子、做纬、经纫、挽花、下机、入箱等画面，生动而详尽。

3. 焦秉贞《织图》工艺流程

元明之际，《蚕织图》在民间虽有翻刻，但其影响不是很大，一直到焦秉贞的《耕织图》颁印之后，其中的《织图》工艺次序才成为所有版本的原型。他为了和《耕图》一一对应，在《织图》中删减了两幅下蚕和一眠，但增加了一幅染色。最后工艺流程前后也有些变化，依次是浴蚕、二眠、三眠、分箔、采桑、大起、捉绩、上簇、炙箔、下簇、择茧、窖茧、缫丝、蚕蛾、祀谢、纬、织、络丝、经、染色、攀花、剪帛、成衣共二十三事，其中某些图也有不准确之处。

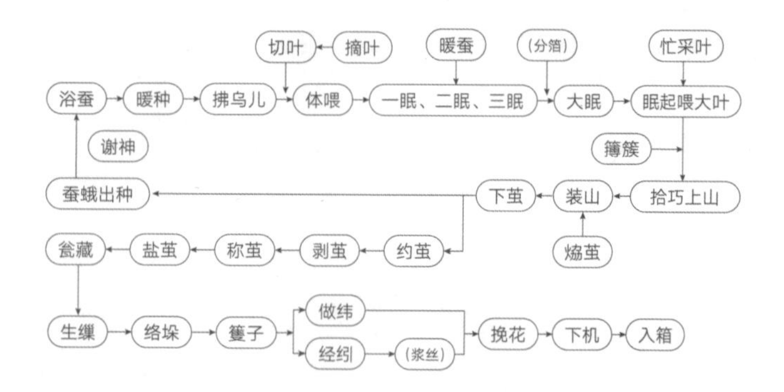

吴皇后本《蚕织图》所描绘的生产工艺流程图

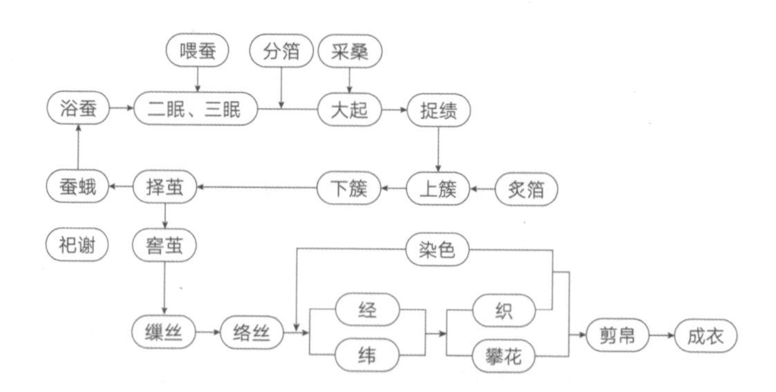

焦秉贞《织图》部分所描绘的生产工艺流程图

中国农业博物馆王潮生老师是国内研究《耕织图》版本的专家，他曾将历代不同版本《耕织图》中《蚕织》部分的工艺过程进行了比较。

南宋楼璹《耕织图》	南宋梁楷《耕织图》		元代程棨《耕织图》	明代仇英《耕织图》	狩野水纳翻刻明代宋宗鲁《耕织图》	明代邝璠《便民图纂·耕织图》	清代焦秉贞《耕织图》	清代冷枚《耕织图》	清代陈枚《耕织图》	清代袖珍型《耕织图》	清代何太青《耕织图》
	美国收藏	日本收藏									
织图24幅	织图15幅	织图14幅	织图24幅	织图6幅	织图24幅	女红图16幅	织图23幅	织图23幅	织图23幅	织图23幅	织图23幅
（1）浴蚕			（1）浴蚕		（1）浴蚕		（1）浴蚕	（1）浴蚕	（1）浴蚕	（1）浴蚕	（1）浴蚕
（2）下蚕	（1）下蚕	（1）下蚕	（2）下蚕		（2）下蚕	（1）下蚕					
（3）喂蚕	（2）喂蚕	（2）喂蚕	（3）喂蚕		（3）喂蚕	（2）喂蚕					
（4）一眠	（3）一眠		（4）一眠		（4）一眠	（3）蚕眠					
（5）二眠	（4）二眠		（5）二眠		（5）二眠		（2）二眠	（2）二眠	（2）二眠	（2）二眠	（2）二眠
（6）三眠	（5）三眠	（3）三眠	（6）三眠		（6）三眠		（3）三眠	（3）三眠	（3）三眠	（3）三眠	（3）三眠
（7）分箔			（7）分箔		（7）分箔		（6）分箔	（6）分箔	（6）分箔	（6）分箔	（6）分箔
（8）采桑	（6）采桑	（4）采桑	（8）采桑	（2）采桑	（8）采桑	（4）采桑	（7）采桑	（7）采桑	（7）采桑	（7）采桑	（7）采桑
（9）大起			（9）大起	（1）大起	（9）大起	（5）大起	（4）大起	（4）大起	（4）大起	（4）大起	（4）大起
（10）捉绩	（7）捉绩	（5）捉绩	（10）捉绩		（10）捉绩		（5）捉绩	（5）捉绩	（5）捉绩	（5）捉绩	（5）捉绩
（11）上簇	（8）上簇	（6）上簇	（11）上簇		（11）上簇	（6）上簇	（8）上簇	（8）上簇	（8）上簇	（8）上簇	（8）上簇
（12）炙箔			（12）炙箔		（12）炙箔	（7）炙箔	（9）炙箔	（9）炙箔	（9）炙箔	（9）炙箔	（9）炙箔
（13）下簇	（9）下簇	（7）下簇	（13）下簇		（13）下簇		（10）下簇	（10）下簇	（10）下簇	（10）下簇	（10）下簇
（14）择茧	（10）择茧	（8）择茧	（14）择蚕	（3）择蚕	（14）择茧		（11）择茧	（11）择茧	（11）择茧	（11）择茧	（11）择茧
（15）窖茧		（9）窖茧	（15）窖茧		（15）窖茧	（8）窖茧	（12）窖茧	（12）窖茧	（12）窖茧	（12）窖茧	（12）窖茧
（16）缫丝	（11）缫丝	（10）缫丝	（16）缫丝	（4）练丝	（16）缫丝	（9）缫丝	（13）练丝	（13）练丝	（13）练丝	（13）练丝	（13）练丝
（17）蚕娥			（17）蚕娥		（17）蚕娥	（10）蚕娥	（14）蚕娥	（14）蚕娥	（14）蚕娥	（14）蚕娥	（14）蚕娥
（18）祀谢			（18）祀谢		（18）祀谢	（11）祀谢	（15）祀谢	（15）祀谢	（15）祀谢	（15）祀谢	（15）祀谢
（19）络丝	（12）络丝	（11）络丝	（19）络丝	（5）络丝	（19）络丝	（12）络丝	（18）络丝	（18）络丝	（18）络丝	（18）络丝	（18）络丝
（20）经	（13）经	（12）经	（20）经	（6）经	（20）经	（13）经纬	（19）经	（19）经	（19）经	（19）经	（19）经
（21）纬	（14）纬	（13）纬	（21）纬		（21）纬		（16）纬	（16）纬	（16）纬	（16）纬	（16）纬
（22）织	（15）织	（14）织	（22）织		（22）织	（14）织机	（17）织	（17）织	（17）织	（17）织	（17）织
（23）攀花			（23）攀花		（23）攀花	（15）攀花	（21）攀花	（21）攀花	（21）攀花	（21）攀花	（21）攀花
（24）剪帛			（24）剪帛		（24）剪帛	（16）剪制	（22）剪帛	（22）剪帛	（22）剪帛	（22）剪帛	（22）剪帛
							（20）染色	（20）染色	（20）染色	（20）染色	（20）染色
							（23）成衣	（23）成衣	（23）成衣	（23）成衣	（23）成衣

历代《耕织图》中织图部分画目比较表

4. 吴祺《纺织图册》工艺流程

目前，吴祺《纺织图册》的 20 页次序已乱，只能重新进行排序。从一般的《蚕织图》次序来看，蚕蛾和祀谢两幅比较特别。楼璹和焦秉贞的版本中，次序均为缫丝、蚕蛾、祀谢，但从工艺过程来看，蚕蛾应排在第一，作为养蚕过程的终结；练（缫）丝应排在第二，作为丝织过程的开始；祀谢应排在练丝之后，因为祀谢时的供桌上已经安放了成绞的生丝。这样，我们排定的《纺织图册》工艺流程如下：

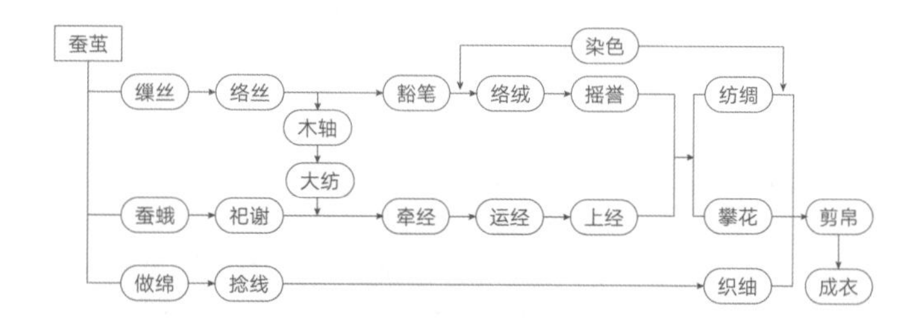

吴祺《纺织图册》所描绘的生产工艺流程图

三/《纺织图册》中的工艺过程

封面

黄地天华锦

地经：丝，黄，弱捻，85 根 /cm
固结经：丝，浅褐，无捻，17 根 /cm
地纬：丝，白，无捻，24 根 /cm（也作白色纹纬）
纹纬：丝，深蓝、浅蓝、绿、浅绿、红、米、褐，无捻，24 副 /cm
地组织：5 枚 2 飞经面缎
固结组织：1/2S 斜纹
固结经：地经 = 1 : 5
纹纬：地纬 = 1 : 1
图案：经向循环 8.5cm，纬向循环 11cm
图阶：2 根地经，1 组纹纬

裱绫

经线：无捻，75 根 /cm
纬线：无捻，25 根 /cm
地组织：5 枚 3 飞经面缎
花组织：5 枚 3 飞纬面缎
图案：不清

画绢

经线：无捻，70 根 /cm
纬线：无捻，35 根 /cm
组织：平纹

《纺织图册》册页的封面和封底尺寸大约为 24cm × 24cm，均有黄地天华锦装裱。上有签条，但无题签。《纺织图册》一名估计为送拍者或拍卖者后加。内芯绢面稍小，尺寸约为 21cm × 19cm，四周用白色绫裱，图案不清。

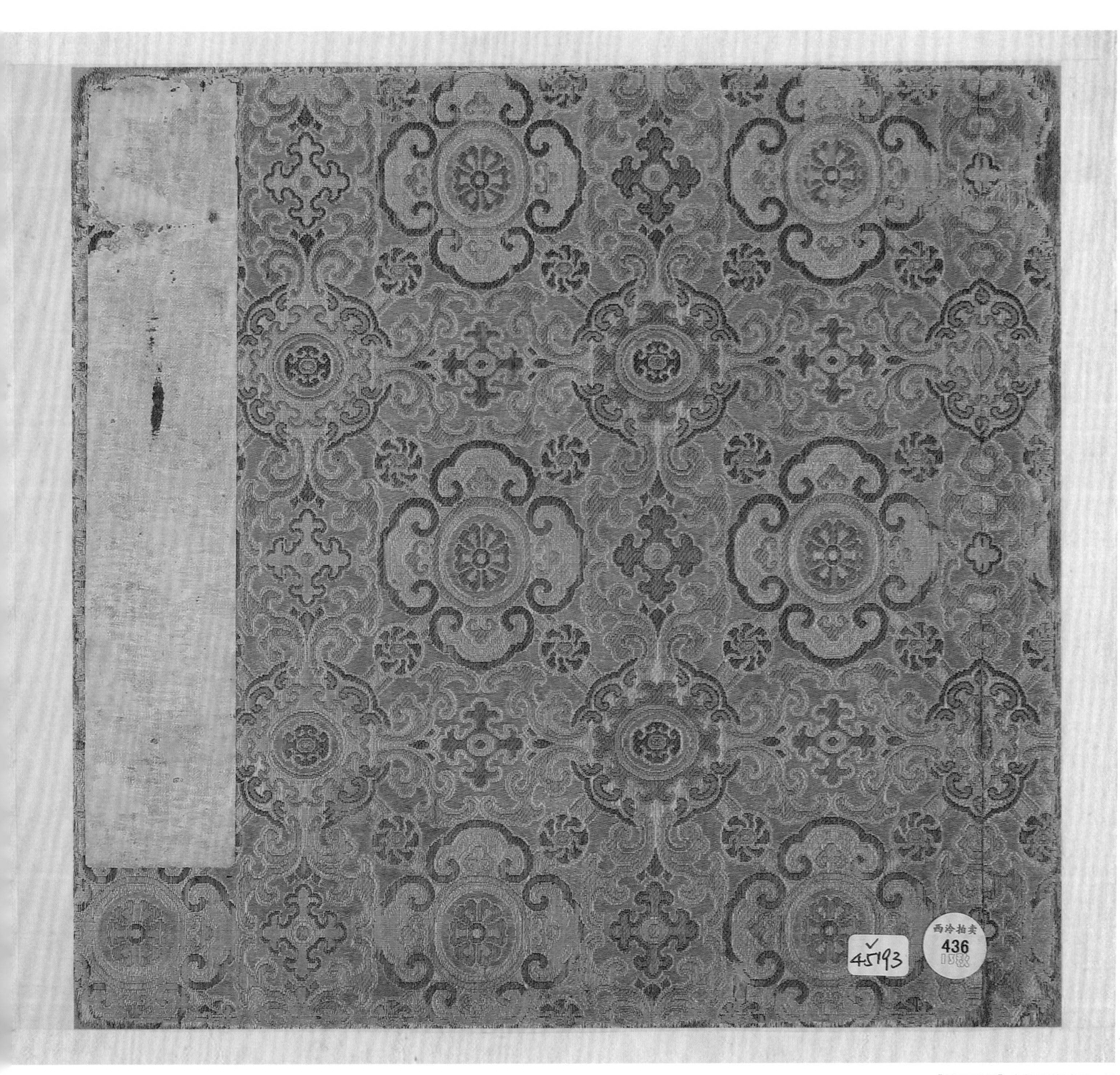
45193
西泠拍卖
436
13秋

01 蚕蛾

近水之边有一四周通透的瓦顶茅檐小亭，右侧古松掩盖，左前方芦苇丛生。亭内二女二童，围观一匾，匾中有一张方形的纸，纸上有几对蚕蛾正在交配产卵。亭里挂着两个稻草簇，一女正在把蚕蛾捉到稻草簇上。能在稻草簇上站住的蛾就是好蛾，会被选择用于交配，边上儿童的盘里接的就是经过选择的蚕蛾。这可看作是养蚕过程的结束，也是丝织过程的开始。

蠶蛾

02 练丝

此画题签为练丝，画的其实是缫丝。这个问题可能来自焦秉贞的《耕织图》，其缫丝图也题作练丝。竹林掩映，远近共有两组建筑，各有一台丝车，均为双绪，可见车床、大丝篗及车前柴灶。前屋丝车放在室外，缫丝女子的左侧为灶的炉膛，所以未见踏脚板，屋内另有一人送来刚煮过的茧子，另有两女、一少、一童在身后。后屋中也有一架双绪丝车，摆放方向相反，一女子踏动位于右侧的脚踏板，其身后也有一人递送茧子。两车大丝篗下均有火盆，这正符合当时缫丝中“出水干”的工艺要求。

練絲

03
祀谢

前面紫藤花开，近处棕榈叶展。前后两亭，前亭内下铺竹席，一老翁正率男女一众八人下拜。供桌为一长案，上设牌位，两侧有烛台，案上供着丝绞，后亭有一人正送三盅小酒上来。前亭的檐口也挂满了丝绞，说明这是在缫丝完成之后进行的祀谢，但所供不知为何神。此图与焦秉贞《耕织图》中的祀谢构图非常接近，图中神像皆背对读者。董蠡舟《南浔蚕桑乐府》最后一首《赛神》诗也在“卖丝”之后：“两行红烛三炷香，阿翁前拜童孙后。”

祀谢

04 做绵

水边一亭如歇山顶，四周通透。亭内三女，有两架两盆。前面一女刚用手把丝绵做成手绣，中间一女捧着一盘做好的丝绵，后面一女盆上有绵环，正把做好的丝绵套在竹环上。亭前还有一人正在添柴烧火，提供热水。屋上为芭蕉，屋后为竹林，林边还有一群湖羊，这正是杭嘉湖一带的特色。这里的做绵与如今的非物质文化遗产的清水丝绵基本一样。不过她们做丝绵用的是茧子，这茧子可以是缫丝之后剩下的劣质茧子、下脚茧，也可以是一些缫丝用过的蛹衬。

做綿

05 捻线

一间歇山顶的小屋四周装了门牖，内有两人用纺车在捻线，两童读书。捻线又称打绵线，就是把各种丝绵或是缫丝的下脚料等当作一般的纤维进行纺线，其方法与纺纱比较接近。刘沂春《乌程县志》引《湖妇吟》云："蛾口不作丝，做绵还打线。左手擎绵叉，右手芦铤旋。缕转如妾心，一日几千遍。"屋内还有两童戏耍，溪水的上游还有一水车被水流带动旋转。

撚線

06
络丝

络丝是把缫丝得到的大绞丝转移到小篗的过程，同时也能重新检查和整理一遍丝线，使缫好的丝线获得更好的性能。此处的茅屋里有两名女子正在络丝，放在地上的有六根竹竿的架子称为络垛，拿在手上的转轮叫篗子。络垛上的大绞丝可以通过一个挂在上面的导钩顺利地绕到篗子上来。屋前还有一女手持一绞丝带着一儿童走来，屋外还有一条小溪，溪上有石桥，溪边为竹林，不闻犬吠，但听水流声。

絡絲

07 络绒

绒字常有多种意思。明清之际，绒在丝绸行业里一般有两种解释：一是指一种丝绸品种，如漳绒或天鹅绒；二是指染色之后或是精练之后的散丝，多用作妆花等织造时的纹纬来显示花纹。这里的场面比较简单，远处是辽阔的水面，围墙里有一间小屋，屋内二人正在进行类似络丝的工作，用的也是络垛与篗子。但从题签“络绒”来看，这里所络的应该是丝绒，就是把精练之后或染色之后的色丝摇到篗子上去，以备用作纬丝。

絡絨

08 豁笔

前屋中有两女正在各摇一车，右手摇动绳轮，左手持篗子，轮上至少绕有两根丝线，轮边也放了两个篗子。后屋中有两儿童在观望，隔水远处还有几间小屋，其中一间屋外有上簇斜架，屋前有一童在水边汲水。豁笔是整套《纺织图册》中最难理解的一幅，无论是题注还是图像本身都不常见。总体来看，这里的豁笔指的应该就是豁车。《南浔镇志》云："络丝有篗子，有豁车，有碌碡。"豁车也是络丝工具，但这里篗子和碌碡（络垛）已组成一组，那么豁车应该是不同形式的络丝工具。从图像上来看，豁车应该是一种在垂直的轮子之上布上丝绞再进行并丝的工作，和《王祯农书》中的拨车原理相同。焦秉贞《耕织图》的"纬"一幅中也有一个绳轮下连了几个篗子，应该不是摇纬，更像是并线，或正好可以称作豁车或拨车。

豁筆

09 木轴

这是一个高墙围成的小院子，院内修竹茂密，绿叶成荫。园门半开，两名女子拿着丝绞刚刚走进园中，内有两座歇山顶的亭子，其中一亭中有一女摇动纺车，纺车架上共安放了六个木轴（木轴就是今天的锭子），由大的绳轮带动，用于卷绕丝线，而锭子上的丝线来自放在脚边的六个簸子，其作用是把需要进行加捻的丝线从簸子转移到锭子上。这种多锭纺车在中国历代农书上多有反映，有时为三锭，有时为五锭，最多时为六锭。据推测，摇车女子左手上会戴一个分经小装置，使得一个人可以同时控制六根丝线，分别绕上六个锭子。

木軸

10
摇簪

这里的“簪”应写作“纡”，也就是承载纬线的纡管。纡管绕上纬丝之后，就可以装在梭子上，进行投纬，织制织物。图中的摇纡在水边的一个小屋中进行，屋外的景观特别美，水池里荷叶新出，水边杨柳依依，屋前屋后还有苍松翠竹。摇纡所用的纬车的主要部分其实也是一个绳轮，轮子上的绳子通过传动会带动一个锭子，这里的锭子上可以装一个纡管，原本在小篗上的纬丝或绒丝就被稳稳地绕在了纡管上。边上有一位少女为摇纡者端上了茶水。另有一黑一白一花三只猫在边上游戏。

摇譽

11 大纺

梧桐树下，在一个由石块整齐砌成的临水平台上，也在一个几乎不蔽风雨的凉棚下，安放着一台大纺车。大纺车的左侧是一个巨大的支架，支架底部是锭子，其上是篗子，在这台大纺车的底座处有两排锭架，前面一排可见25锭，后面一排可见28锭，而支架的上部则安排了14个大篗子。理论上，需要加捻的丝线从大篗子上退出后经加捻后绕上锭子。这样，一台纺车同时可以对多个锭子上的丝线进行加捻。大纺车的右侧是一个巨大的绳轮，一男子转动绳轮，绳子同时转动支架上的篗子和支架下的锭子，大纺车得以工作。

大紡

12 牵经

图中的牵经在村里屋前墙外的一片空地上进行。几棵老树刚刚发出了新芽，两女子就靠着老树撑起了经耙，然后在经耙的对面将66个绕满经丝的篗子摆放在地上，每个篗子抽出的丝线都向上绕过一个搭起的竹竿，上面应该有66个溜眼，并排依次穿过一个竹筘（又称掌扇），形成一组，再把经线绕在经耙上。焦秉贞《耕织图》中也有牵经一幅，但两幅所用的工具有所不同，焦秉贞图中直接把经线从篗子绕上了经筒（有点违反常识），另其经线下还有一群儿童，为画面增添了一些生活的气息。

牽經

13 运经

运经又称“靷经”，有时也称“过糊”。把牵好的一组组经线从经耙绕上一个大丝筒，保持好交棒，放在一个经床上，再把丝筒上的经线穿过过糊的筘，绕到真正的经轴上。这一过程好像是在一个连廊外的空地上进行，由三名女子执行，一名从左侧的经筒上退出经线，做好交，并检查所有的经线，同时由过糊筘进行过糊。另两名女子位于右侧，正在把经线紧紧地绕到搁在架上的经轴上，显得非常用力。

運經

14
上经

图中好像是一处临水的水榭，密密的桐叶遮住了整齐的瓦片，长长的美人靠和隔扇显得周围的环境特别恬静。放在水榭中间的是一台小花楼束综提花机，机身的主要部分下有机坑，踏板和衢线都会沉在地下部分。织机的花本显然只装了一半，两名女子正在把装满经丝的经轴装到织机上，她们要将经线通过穿综、穿筘等完全装造在织机上。而在织机的左侧，一儿童正在桌边读书，而另一名女子正用手拉住另一个儿童，让他不要吵了读书的孩子。

上經

15
织䌷

䌷指的是绵䌷，也就是用打绵线打成的丝线织成的平纹织物，一般尺幅较小。《乌程县志》云：“有绵䌷、花绵䌷、斜绵䌷、兼丝绵，皆抽绵线而成之者。”这里用到的织机是机身倾斜的一种双综双蹑的平素小织机。织机就放在廊下，廊外就是茂竹浓荫，由廊围起来的内庭里有一些蚕具还未收起来。织工好像正在调节挂综的绳索，其背后是一位少女正在给一个儿童洗脸，还有两只小狗在廊边跑动。

織紬

16
纺绸

纺绸是一种尺幅较大的平纹织物，杭州自明代起以产纺绸闻名，故纺绸也被称为杭纺。这里的织机水平安放，两综两蹑，蹑牵动综片向下运动，每一次开口脚踩一块踏板，两片综互动，一上一下，织成平纹。织机放在左侧前屋里，织机上挂了一盏油灯，图中女子似乎正在傍晚时分织作。身后一女子一手抱柱，一手如同摸索前行，右侧后屋中有两女一童，好像正在等候那女子的到来。古老苍劲的一棵梧桐和一棵松树紧挨着站立在画面中间，是这一页画面的特殊之处。

紡綢

17 攀华

这是本套《纺织图册》中建筑最为精美的一页，建筑物里有笔直的梁柱，白墙黛瓦，还有一处圆窗，可见是在一个庭院之中。窗外一女子端着一碗茶水走过，而窗内的织机正在吱呀作响，那是一台小花楼束综提花机。踏板投梭的织工就坐在机前，而另一位拉花小厮就坐在花楼之上进行操作。攀华就是拉花，就是把控制花本的横线提起，在织物上织出图案。这台织机画了 12 片伏综、8 片起综，理论上可以织出一件 8 枚经面缎作地、12 枚花部组织的暗花缎或是妆花缎。这种 8 枚缎从清初开始出现并流行。

攀華

18
染色

图为一间染坊的忙碌场面，与真正的染坊一样，他们既染丝线也染匹料。整间染坊用木栅栏围隔起来，园内的染坊主体是一个主间、一个堂前、一个侧间。可以看到的染具有染灶、染缸、染棒、染桶、拧绞架、压液砧、晾晒架和棚。图中共有五人，均为男子。两人在缸前搅拌，一人拧绞，一人刚煮好染液，一人挑担晾晒。主间里是染灶、待染的匹料和染缸。左侧间位于水上，内排五个大缸，有染工用棒在搅拌，应该就是染缸。堂前有一人在染锅上架起拧绞砧拧绞染后的丝线，最中间放置的应该是一个用于叠压染好匹料挤出染液的榨液工具，这在染色图像中还是首次看到，暂称其为压液帖。

染色

19 剪帛

织成染毕的匹料经过整理最后被放到桌上，大家开始剪帛分料。中间的三名女子打开了匹料，用尺量、用刀剪，有两个儿童喜气洋洋地在边上围观，另有两女子在边上交谈。屋里的桌上还整整齐齐地放着七卷各色匹料，再靠内侧，正是一台织机，说明有些匹料还刚刚下机不久。屋外树木凋零，叶色已黄，正是深秋。正像《蚕桑萃编》月令诗中的九月："西风吹渐劲，凛凛寒气生。是月当授衣，有绢已织成。开笥就刀尺，长短随人性。身被罗绮服，五色相间明。"

剪帛

20
成衣

剪帛之后的面料被隔着窗户递送到另一间，而这一间房里的四名男子围着一桌正在加紧制作衣服，桌上还放有一尺一剪，右后一人拉开了料子在裁剪，右前一人正在埋头缝纫，左后一人刚缝完一部分，正在打结咬线，还有左前一人正拿着熨斗烫缝好的衣服。时值寒冬，万木萧条，行将过年，更换新衣。不过，屋外的梅花却是开得正好，屋前的三只鸡还在觅食，屋后还养了四只大白鹅。画的左下方钤有“吴祺之印”阴文和“以振”阳文两方印章。整套图册到此结束。

成衣

四／《纺织图册》中的生产工具

蚕具

汪日桢《南浔镇志》所载蚕具有："修桑有锯，有斧；采桑有桑剪，有桑梯；贮桑叶有篰。停叶用竹帘、芦帘、芦箙；切叶有刀，有草墩。刷蚕乌用鹅翎；分蘔小蚕用尖竹箸，俗名蚕筷；大蚕用网。小蚕贮以蒲篓，以竹筛；大蚕贮以筷，或以筐、以匾，所以架匾曰蚕桀。御风以芦帘，以草荐；架山棚有凳，有草帚；御寒用火盆；撩山棚火及车头火亦用火盆。"而在《纺织图册》中因是以织造为主，所以蚕具不多。仅在蚕蛾等少量页面上可以看到分散的养蚕工具。

1.《蚕蛾》中的蚕具
2.《络丝》中的蚕匾
3.《豁笔》中的蚕箔
4.《运经》中的蚕箔
5.《织紬》中的蚕箔

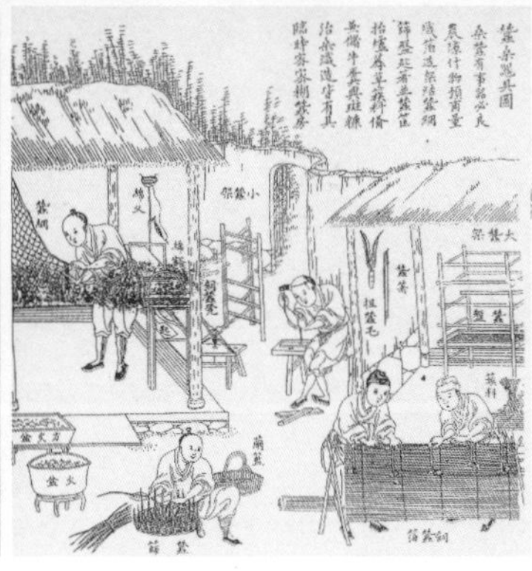

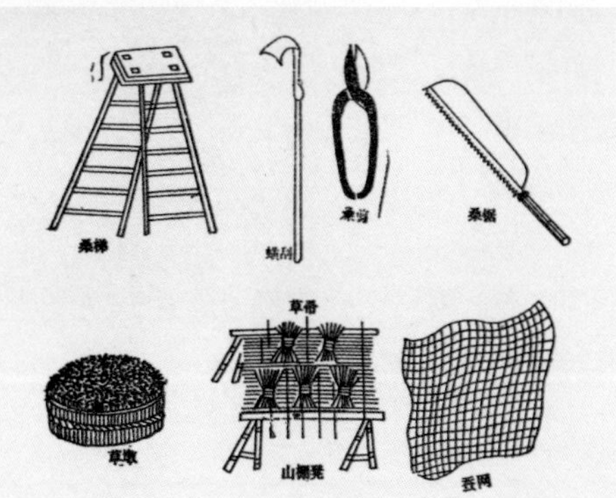

1. 清《蚕织图册》中的炙箔
2. 清《蚕织图册》中的蚕蛾
3. 南宋吴皇后本《蚕织图》中的蚕具
4. 郝子雅绘《蚕桑器具图》
5. 清《广蚕桑说辑补》中的蚕具

缫车

《西吴蚕略》载："缫车檀木为之，其床正方，辘轳在前，泥灶列后。转轴于右，纳薪于左，若架若磨，并丽于床。安床微侧以就灶。辘轳之制，凡四辐丽于轴，活其一以利脱丝，幕布名车衣，轴端屈曲以便转。转轴之木下连踏板，灶编竹为之，泥于内以置镬，架上悬竹辘轳，下设铜针各二，镬内外煮沸乃下茧，竹箸搅之，丝头起，穿入针孔，引上竹辘轳，复回绕而加诸辐。辐转即丝抽矣。然无磨则径直无绪。磨以小木为之，丽床右腰微束，环绳连于轴，磨顶带小长木，列两钩，横于铜针之上，两两相对。丝出针孔，即着于钩，于是轴带磨转，磨带钩转，钩带丝转，乃左右交错，不条不紊，广狭适中。"汪日桢《南浔镇志》载："缫丝用丝车及水缸锅灶，灶有烟囱，车上有方轮，有轴头，有竹豁，有旋钩，有踏板，肥丝之车有丝眼二，丝以二板为一车，细丝之车有丝眼三，丝以三板为一车。"则《纺织图册》所绘为双眼肥丝之车。

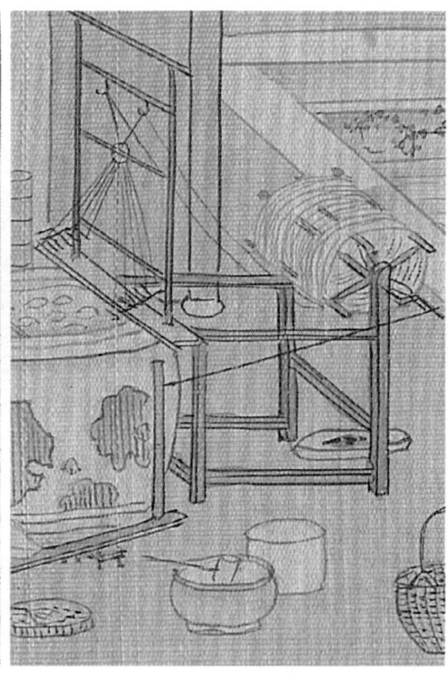

1.《练丝》中的缫车
2.《练丝》中的缫车

1. 南宋梁楷《蚕织图》中的缫车
2. 南宋吴皇后本《蚕织图》中的缫车
3. 明《天工开物》中的缫车

剥丝绵

《吴兴蚕书》记剥手绣："绵套于掌者为手绣。用大木盆，上铺蚕筛，取净茧置筛中，逐个剥开，翻套于手掌上。更取清水一桶，将掌上所套者，就水中双手展拓，使圜转宽大，以便上环。上绵环用大木盆满贮清水，中置绵环（以竹为之），两人取手绣就水中扯约尺余长，复移转，扯之使方，即带水上于环上，用力揿下，则弯环如兜，名曰绵兜。凡上四个手绣，可成一厚绵兜，取下绞干，日中晒燥。"

1.《做绵》中的做绵套
2.《做绵》中的上棉环

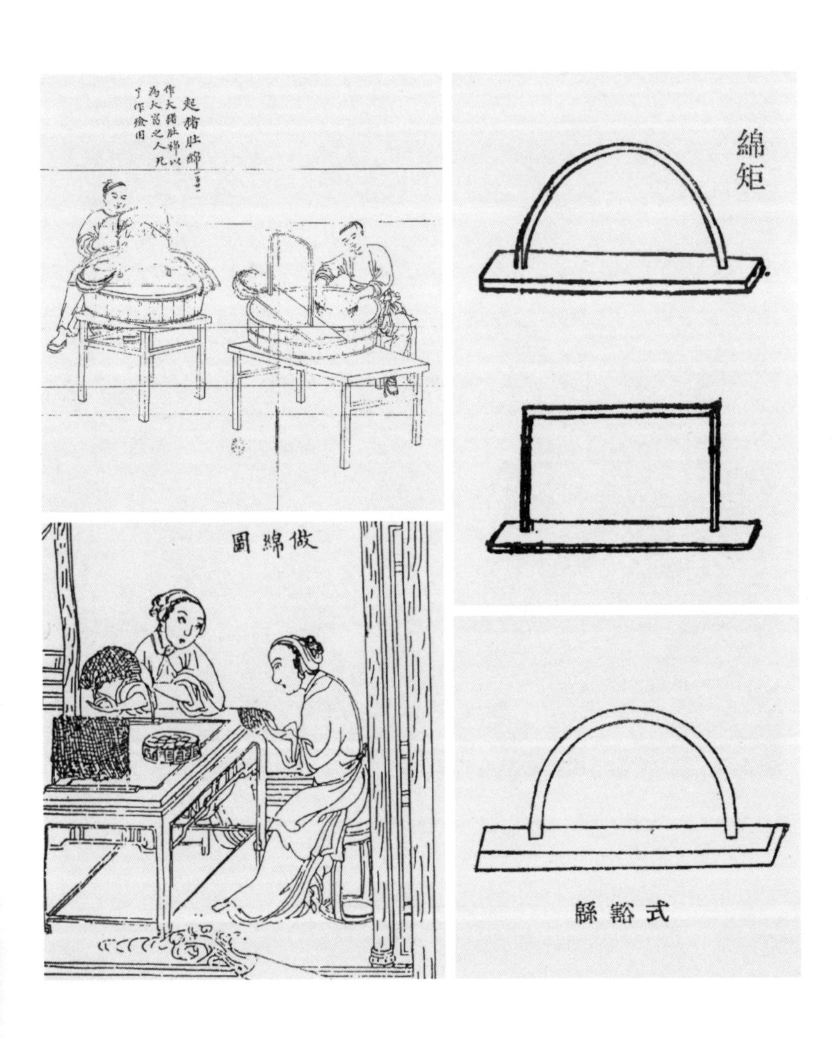

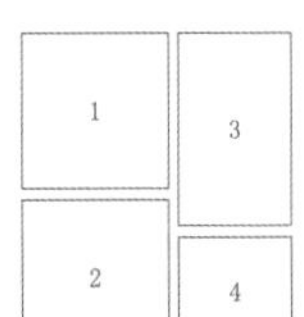

1. 法藏《蚕织图册》121：起猪肚绵
2. 郝子雅绘《做绵图》
3. 元王祯《农书》中的绵矩
4. 清卫杰《蚕桑萃编》中的绵豁

打绵线

《南浔镇志》载："铜叉木柄，左手擎之，置绵于叉上。又有木铤，贯铜钱十数文，上贯芦管，其形如锤，以三手旋转，捻绵成线，绕管而积。"《吴兴蚕书》载："绩絮成线，谓之打绵线。湖地所产之绵细，借此织成。凡线不论粗细，以光洁匀紧为贵，乡村妇女，晚作晨攻，得寸则寸，得尺则尺，此妇女消闲之活计也。"

1.《捻线》中的打绵线

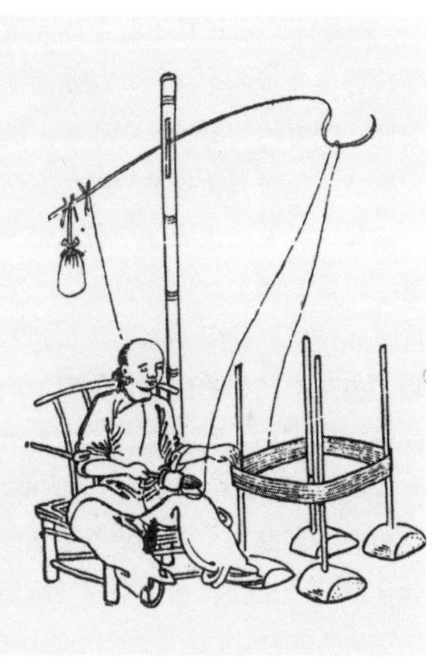

1 2 3 4

1. 南宋吴皇后本《蚕织图》中的络垛
2. 明宋应星《天工开物》中的络垛
3. 清焦秉贞《耕织图》中的络垛
4. *China* 中的络垛（*E. R. Scidmore, China: The Long-Lived Empire, 1900*）

軠车

把丝线在大篗和小篗之间互倒是丝织准备过程中常见的工序，《纺织图册》中也是如此。图中的豁笔正是把小篗上的丝线倒入大篗的一个过程，这在棉纺、麻纺工艺中十分常见。《王祯农书》中有木绵拨车：“其制颇肖麻苎蟠车，但以竹为之，方圆不等，特更轻便。”并配图木绵拨车和木绵軠床两幅，都是把纺好的锭子上的棉纱倒成大绞装的棉纱的工序。同书麻苎门中也有蟠车图，并称南北人皆惯用习见。在焦秉贞《耕织图》中也有一种纬车，其实并不是摇纬的纬车，其作用与《王祯农书》中的軠床相同。《纺织图册》中的豁笔两字来历不明。《湖蚕述》中提到缫车有竹豁、络丝有豁车，指的都是用于导丝的短竹管，与毛笔杆的材质和形状都很相似，也许就是用这部件代指整个轮车。但从功能考虑，轮上明显可以看到摇的有两根丝线，这很有可能是用于并丝的一个过程。

1.《豁笔》中的軠车

1

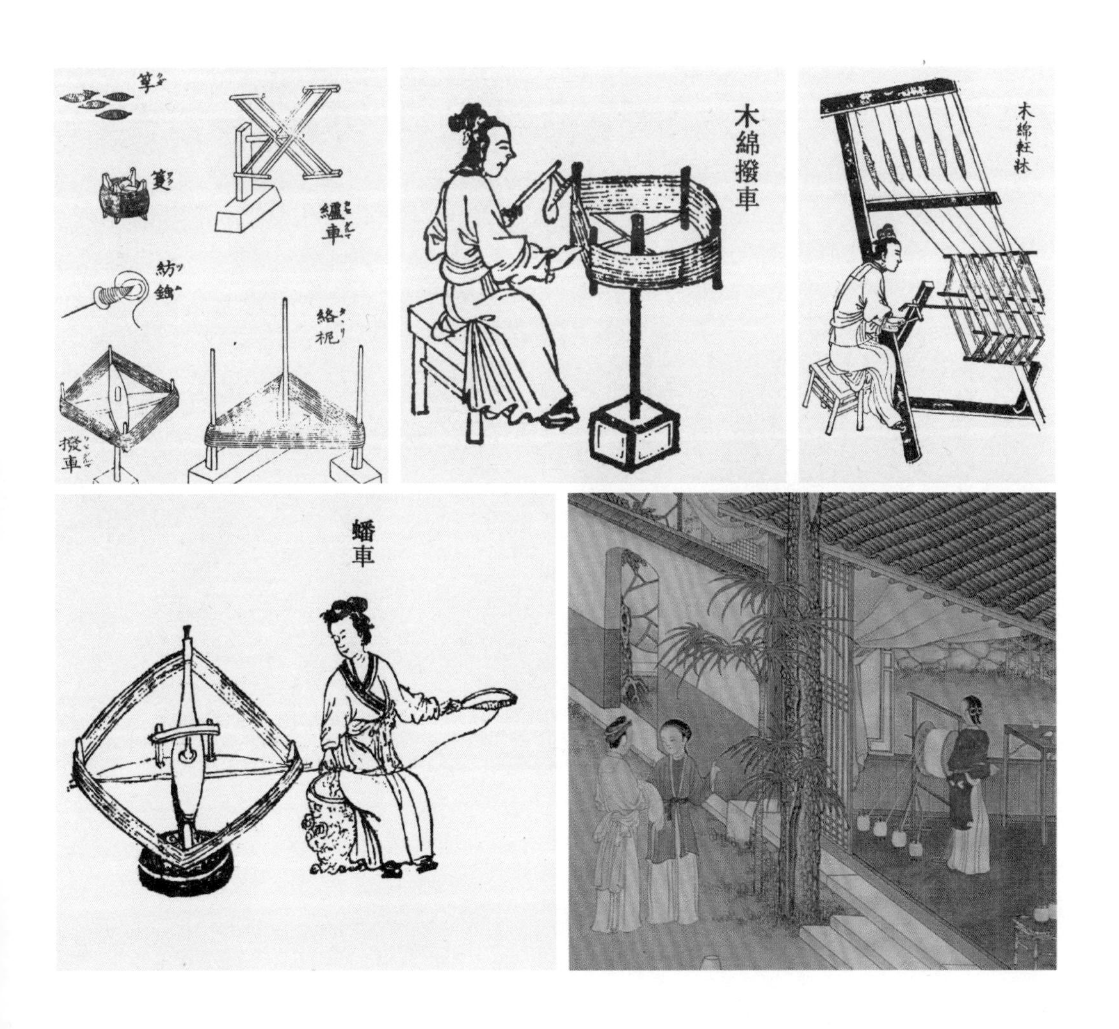

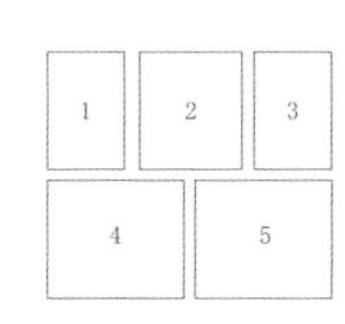

1. 日本《机织汇编》中的纺织工具
2—4. 元王祯《农书》中的拨车、軠床、蟠车
5. 清焦秉贞《耕织图》中的纬车

纬车

摇纬在纬车上进行，但其实纬车的结构和原理与手摇纺车基本相同，就是利用直径较大的绳轮（也就是軖车）带动直径很小的锭杆，手摇绳轮较小的角速度可以在锭轮上达到较大的角速度，这样可以大大提高卷绕和加拈的速度。在锭杆上加上装纬线的纬管，纺车就成了纬车。在纬车上摇纬又称"摇纡"，在《纺织图册》中写成"摇篸"，纡就是纡管，或称繀或筟，指的都是竹制的纡管，就是一个小竹管，套在纺轮的锭杆上，随锭子而转，卷绕纬丝。普通的低拈度的拈丝也可以在手摇纬车上进行。吴皇后题注的《蚕织图》和梁楷《蚕织图》中都画了卷纬图，纬车型制很清楚。纬车也可以用来并丝，《天工开物》中的纺纬图其实就是一幅并丝图，纬车旁放着三只丝或三根丝线并为一股。

1.《摇篸》中的纬车

1	2	3

1. 南宋梁楷《蚕织图》中的纬车
2. 明宋应星《天工开物》中的纬车
3. 法藏《蚕织图册》中的入梭

纺车

纺车就是将纬车锭杆上的纬管直接换成锭子，这在《纺织图册》中称为木轴。一般的棉纺织用的纺车有一锭、两锭、三锭三种，因为棉纺织是从棉筒纺成棉线，一只手上不可能拿很多根线。但对麻苎或是丝线而言，就可以用到多锭的小纺车来进行加捻。《王祯农书》中的小纺车共有五锭，左边一手相持，下面是五个麻绳团。另一种较晚版本的《天工开物》中也有一张描绘五锭脚踏纺车的《纺缕图》，图中仍为五锭，却不见导纱器，据研究应是使用了一种带有六齿的牵伸器，这是一个非常重要的进步。这里的《纺织图册》中木轴页上的纺车架上，六个木轴（锭子）直直地排为一竖列，地上刚好也有六个篗子，分别绕上锭子。

1.《木轴》中的小纺车

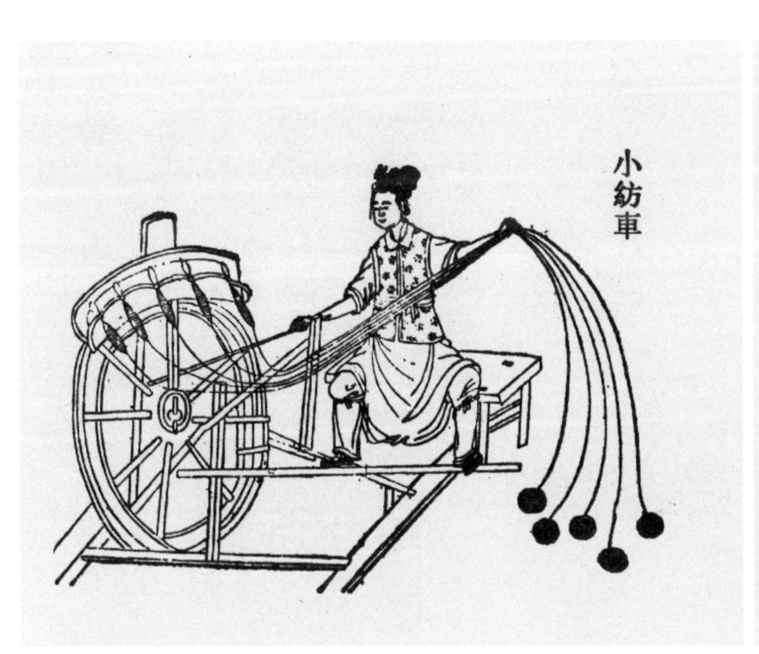

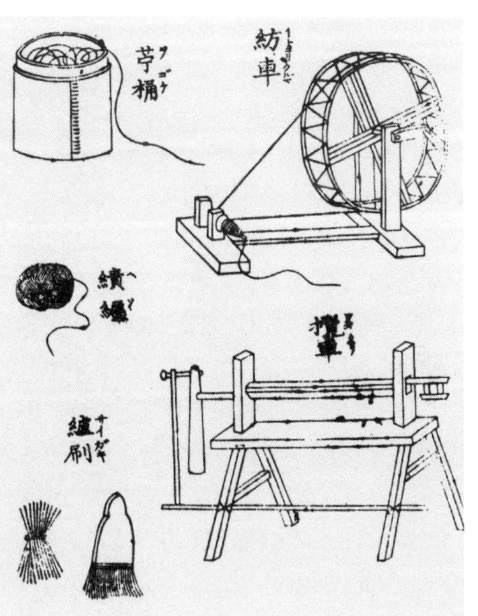

1. 元王祯《农书》中的小纺车
2. 日本《机织汇编》中的纺车

大纺车

大纺车是在各种小纺车的基础上逐步发展起来的。与五锭小纺车可兼用于麻、棉或丝加拈的性质不同，大纺车专用于丝麻加拈。到明清时棉纺普及，麻苎少用，大纺车就几乎专用于拈丝，不少地区就直接将其称为拈丝车了。

大纺车的记载最早见于《王祯农书》：“其制长约二丈，阔约五尺，先造地柎，木框四角立柱，各高五尺，中穿横桄，上架枋木。其枋木两头山口，卧受卷纑。长軖铁轴，次于前地柎上立长木座，座上立臼以承（锐）底铁簨。（锐）上俱用杖头铁环，以拘（锐）轴。又于额枋前排置小铁叉，分勒绩条，转上长軖。仍就左右别架车轮两座，通络皮弦，下经列（锐），上拶转軖。旋鼓，或人或畜，转动左边大轮，弦随轮转，众机皆动，上下相应，缓急相宜，遂使绩条成紧，缠于軖上。”这种大纺车由于没有牵伸引细条纱和的能力，只能用于加拈。从王祯文中看，大纺车在起初主要用于麻缕的加拈，但“新置丝线纺车，一如上法，但差小耳。”说明这种大纺车也用于拈丝。这种大纺车的动力除人力、畜力外，还曾采用水力。其车之制与上同，“但加所转水轮，与水转辗磨之法俱同。中原麻苎之乡，凡临流处所多置之”。这类大纺车，在丝绸之路沿途的中亚、欧洲等地也能看到。

明清时期，将大纺车用于蚕丝加拈合线的情况更加普遍。卫杰在《蚕桑萃编》一书中介绍了江浙及四川等地区应用大纺车的情况，将其分为水纺和旱纺两类，江浙地区用“竹壳盛水，以一边二十五丝，各入水中，由水中圜转而上，初纺以二三缕合一缕，再纺以五六缕合一缕，三纺以七八缕合一缕。一人每车摇一周可得五十缕，二周得一百缕”。四川旱纺则“从湿毡上挪过，丝上渣滓，一一去净。每一人纺一周丝五十六缕，两周丝一百十二缕”。《纺织图册》中的“大纺”是至今保存极少的中国古代大纺车图像，车顶上有 14 个篗子，下面前后两排各有 28 个锭子，总数 56 个，正好与四川大纺车上的数量相等。而 14 个篗子和 56 个锭子的比例关系，正说明这台大纺车不只是单根丝线加捻所用，而且还有合线的功能，是一台加捻合线大纺车。

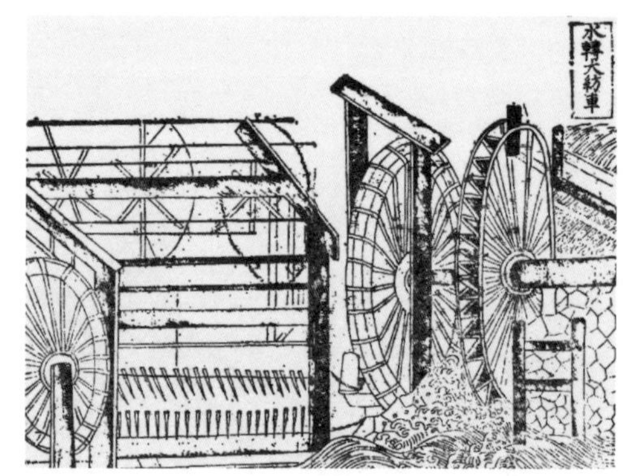

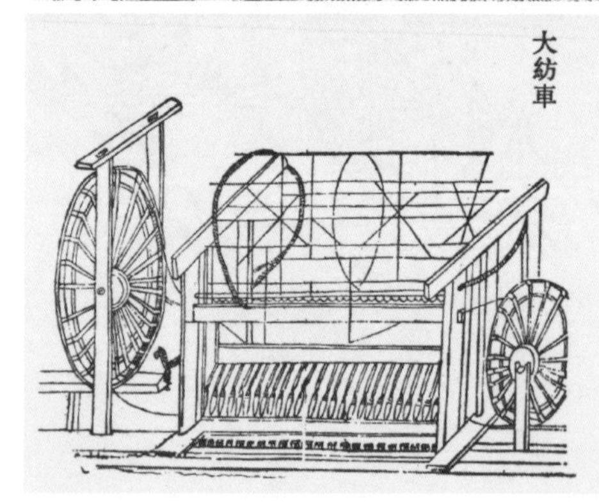

1
2

1-2. 元王祯《农书》中的水动大纺车和大纺车

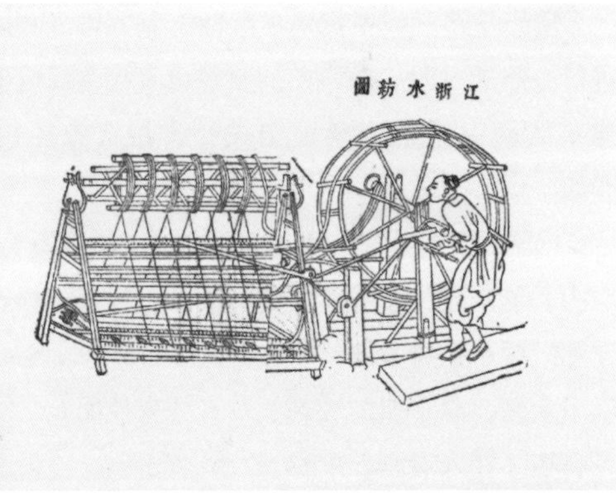

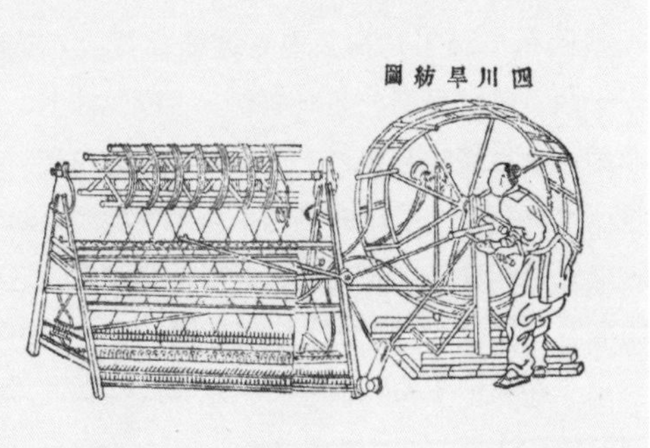

1. 《大纺》中的大纺车
2—3. 清卫杰《蚕桑萃编》中的江浙水纺车和四川旱纺车

整经

整经是将丝线平行地在经轴上整齐排列并按某种规律进行分组的过程。最原始的整经可直接在织机上进行，但复杂的丝织工艺需要轴架式和齿耙式整经相结合才能完成。

轴架式整经在南宋吴皇后题注本《蚕织图》、梁楷《蚕织图》等宋代绘画中幸有所描绘。元代《王祯农书》中则详细记载了这种方法："先排丝篗于下，上架横竹，列环以引众绪，总于架前经牌，一人往来挽而归之纼引轴。"经牌在《梓人遗制》中称为"经牌子"，《天工开物》中称为"掌扇"，其型制是一个有着许多竖栏的木框。齿耙式整经在《天工开物》中有详细描写："以直竹竿穿眼三十余，透过篾圈，名曰溜眼。竿横架柱上，丝从圈透过掌扇，然后缠绕经耙之上。"经耙又称齿耙，其形式由地桩法发展而来。经耙的目的是为了增加经丝的长度，所以轴架式整经和经耙式整经也可以结合使用，这在宋人《蚕织图》、梁楷《蚕织图》中可以看出。《纺织图册》也是采用了先在地上布列丝篗，引丝穿过经牌，再分绞固定于经耙的方法。

1.《牵经》中的整经工具

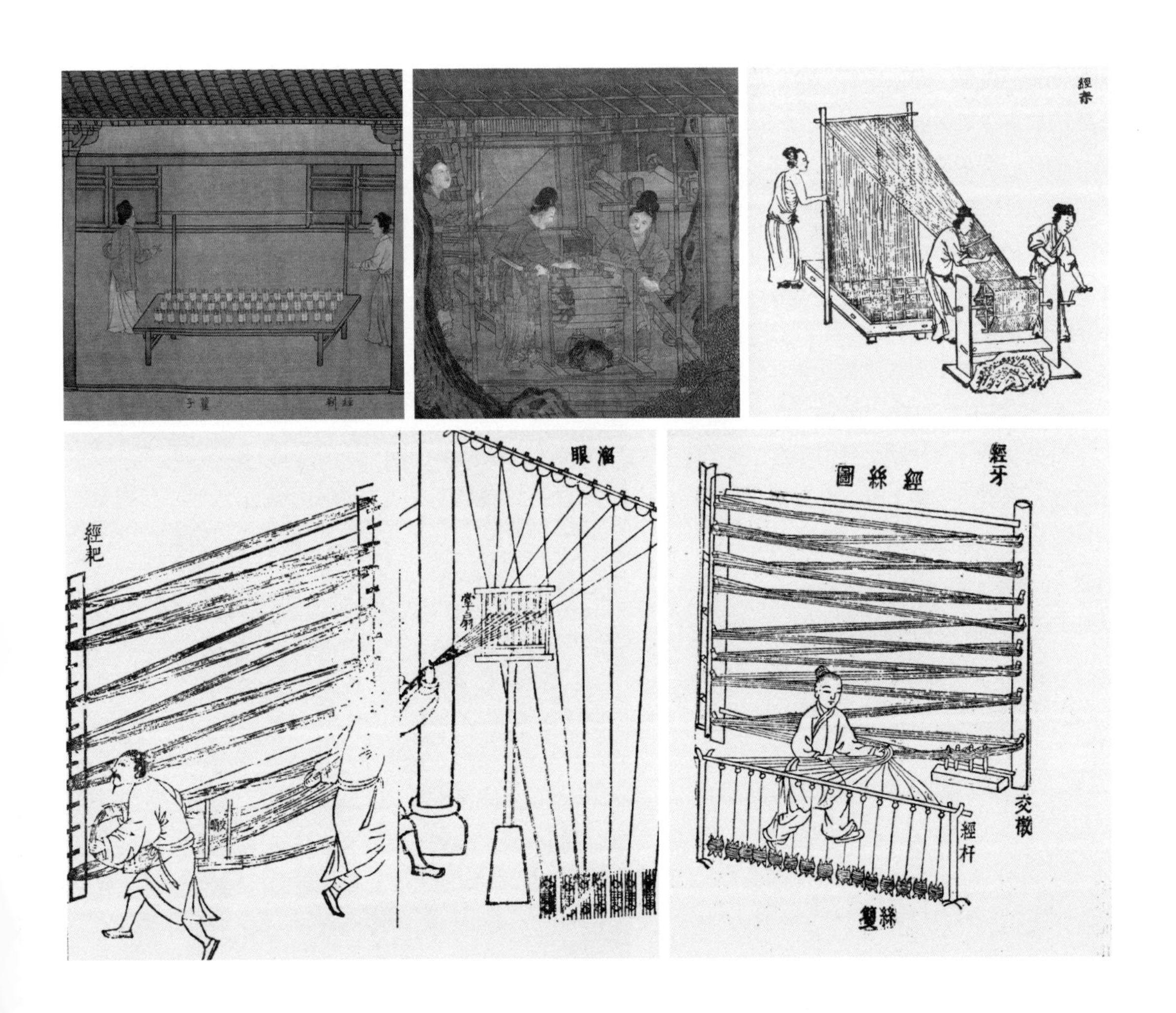

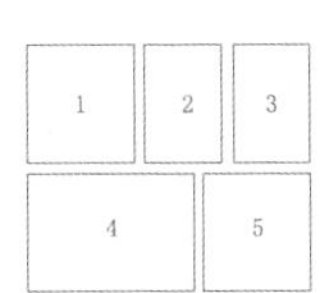

1. 宋吴皇后本《蚕织图》中的整经
2. 南宋《耕织图》中的整经
3. 元王祯《农书》中的经架
4. 明宋应星《天工开物》中的经耙
5. 清卫杰《蚕桑萃编》中的经丝图

运经和上机

《天工开物》载："度数既足，将印架捆卷。既捆，中以交竹二度，一上一下间丝，然后扱于筘内。扱筘之后，然的杠与印架相望，登开五七丈。或过糊者，就此过糊。或不过糊，就此卷于的杠，穿综就织。"这里的印架就是纼床，整好的经线卷绕上纼轴放在纼床上，穿过定幅筘，再绕上的杠，就是经轴。

经线从经轴穿过综眼并穿过筘眼布上织机的过程称为"上机"，只有完成上机，才能开始织造。这是最为耗时的一个工作，包括打综、穿经、穿筘等。《天工开物》称："凡丝穿综度经，必用四人，列坐过筘之人，手执筘耙，先插以待丝至。丝过筘，则两指执定，足五七十筘，则绦结之，不乱之妙，消息全在交竹，即接断就丝，一扯即长数寸，打结之后，依还原度，此丝本质自具之妙也。"如一匹织完工，则不需重新上机，而用接头之法。《纺织图册》的上经图中的织机明显是一台束综提花机，花楼上的花本好像还没有装好，但织机上的织物已有一段织成，而两位操作女工正在机后操作交棒，好像是把整好的经线接到织机上原来的经线上，这正是接头的上经之法。

1.《运经》中的纼床
2.《上经》中的上机

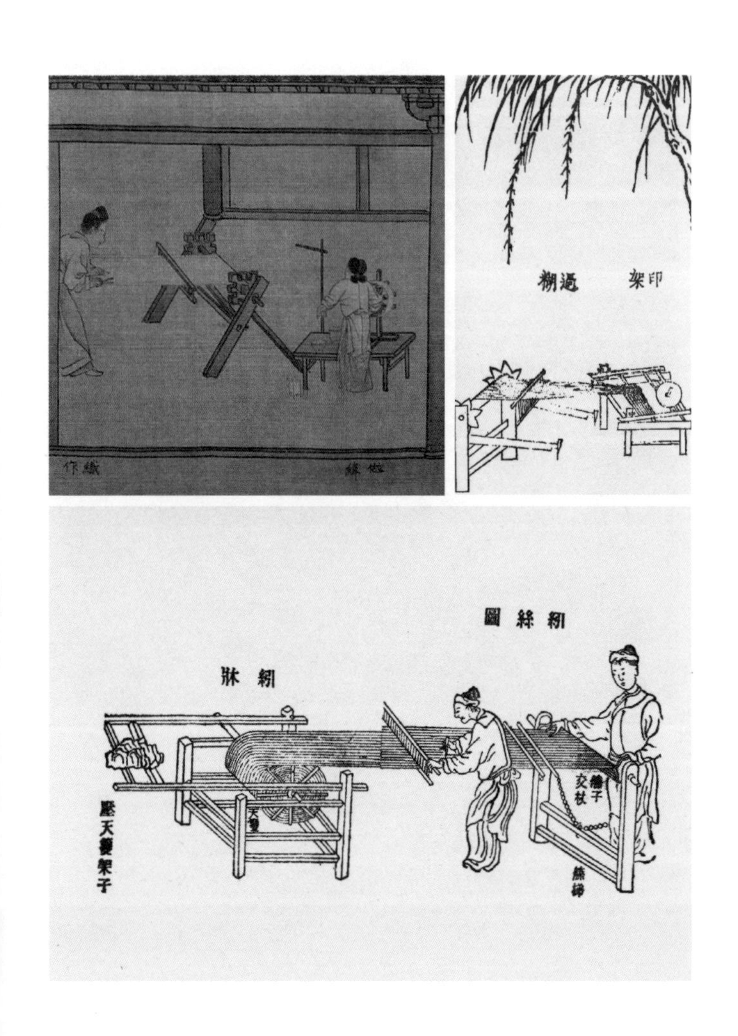

1. 宋吴皇后本《蚕织图》中的过糊
2. 明宋应星《天工开物》中的印架
3. 清卫杰《蚕桑萃编》中的纫丝图

单动式双综双蹑织机

双综织机是由两块踏脚板分别控制两片综而开口的。这种机型出现较晚，目前所知的最早的资料是梁楷《蚕织图》中的织机。《王祯农书》上的布机，虽然画得不很准确，但应该也是一台双综双蹑织机，而且，两组综蹑独立行动，均为上开口综，所以可称为单动式双综双蹑织机。此外，据此翻刻或参照此图绘制的如日本仿刻明代宋宗鲁《耕织图》本中的织图和邝璠的《便民图纂》插图中也是同样的织机。不过，《纺织图册》织紬一图中的织机总体也是一种双综双蹑单独上开口的织机，但机身较斜。《双林镇志》记载："织紬布之机，女工用平机，与绢机相仿。"同一条目中又提到织绢"提丝上下者曰滚头，有架有线。挂滚头者曰丫儿，踏起滚头以上下者，有踏肺棒，有横沿竹"。滚头就是综片，在这里应该特指上开口的起综。

1.《织紬》中的单动式双综双蹑织机

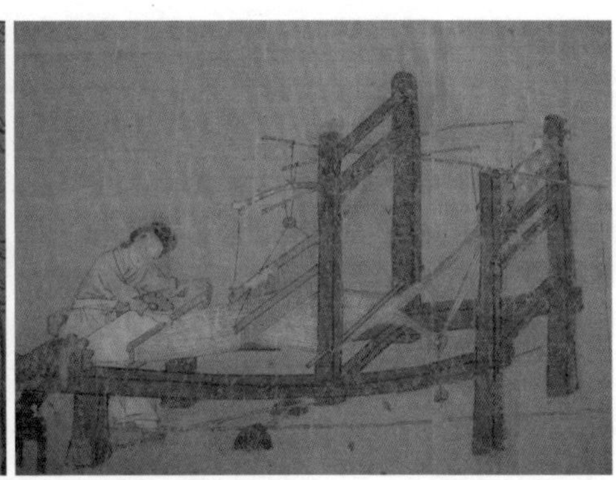

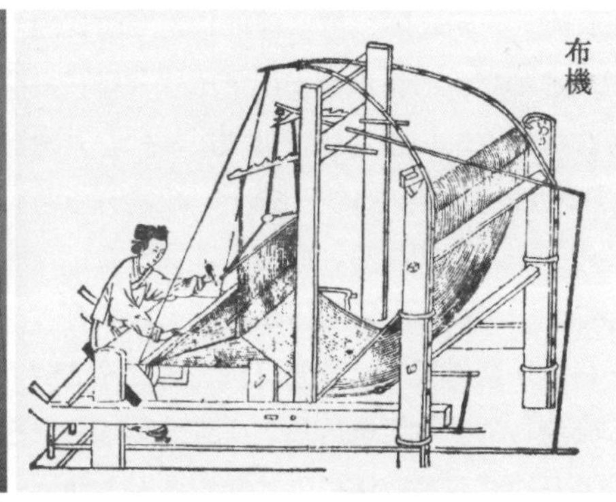

1 2 3

1. 南宋梁楷《蚕织图》中的织机
2. 元王祯《农书》中的布机
3. 明夏厚《蚕织图》中的织机

互动式双综双蹑织机

约于元明之际，另一种可称为互动式的双综双蹑织机出现了。这种织机的特点是采用下压综开口，由两根踏脚板分别与两片综的下端相连，而在机顶用杠杆，其两端分别与两片综的上部相连。这样，当织工踏下一根踏脚板时，一片综就把一组经丝下压，与此同时，此综上部又拉着机顶的杠杆，使另一片综提升，形成一个较为清晰的开口。要开另一个梭口时，就踏下另一块踏脚板。这种开口机构十分简洁明了，成为清代各地十分流行的平素织机机型。《蚕桑萃编》中的织绸图用的就是这种互动式双蹑双综机。《纺织图册》纺绸一图中的织机与其十分接近，机架平直简洁，两片综上有两根连动的杠杆，未见提综装置，那踏脚板应该是挂着综片向下运动。这种织机在近代江南农村中十分常见，《双林镇志》记载："女工用平机，与绢机相仿。唯客工用栈机，制度迥别。"栈机的"栈"指的就是栈子，是下压式综片伏综的俗称，栈机就是互动式的双综双蹑织机。

1.《纺绸》中的互动式双综双蹑织机

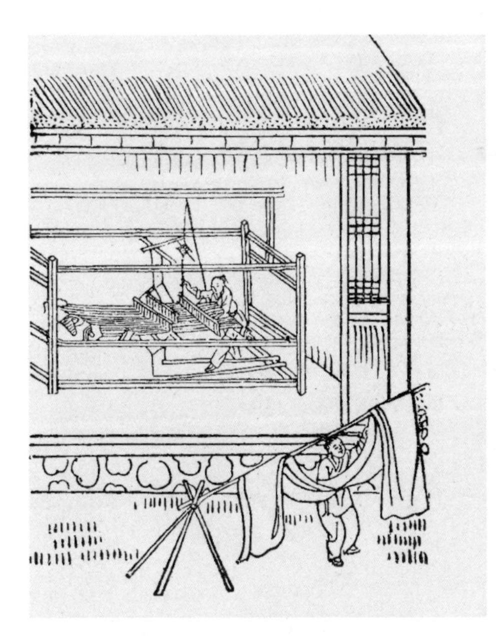

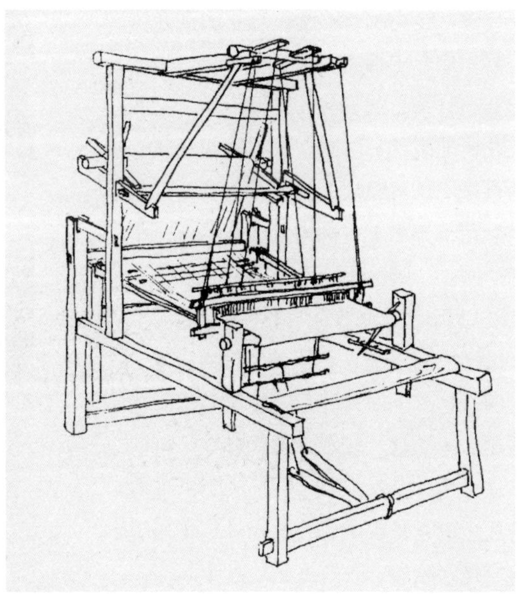

1　2

1. 清卫杰《蚕桑萃编》中的互动式双综双蹑织机
2. 江南绢机（赵丰绘）

侧座式束综提花机

侧座式束综提花机也可以称作线制小花本提花机，这类织机的图像最早出现在宋代。中国国家博物馆藏《耕织图》和吴皇后本《蚕织图》中都出现了这类织机。到元代，线制小花本提花机在薛景石《梓人遗制》中有着详细记载，称为“华机子”。明代宋应星《天工开物》中记载得更为清晰：“凡花机通身度长一丈六尺，隆起花楼，中托衢盘，下垂衢脚（水磨竹棍为之，计一千八百根）。对花楼下掘坑二尺许，以藏衢脚（地气湿者，架棚二尺代之）。提花小厮坐立花楼架木上，机末以的杠卷丝，中用叠助木两枝，直穿二木，约四尺长，其尖插于筘两头。”“其机式两接，前一接平安，自花楼向身一接斜倚低下尺许，则叠助力雄。若织包头细软，则另为均平不斜之机。”从图像上来看，南宋《耕织图》和《蚕织图》中的两台提花机，一台织两经绞的纱罗，一台织平纹地的绫绮。《天工开物》中的提花机四片起综、四片卧综，应该是织四枚经面和纬面斜纹互为花地的暗花绫，而《纺织图册》中的综片较多，八片起综，可以织出八枚的经面缎纹作地，伏综的提综绳、综片。这里稍有出入，可认为是十二片伏综，可以压十二枚循环的间丝点。八枚经缎作地在清代十分常见，十二枚的间丝点可用于多彩提花织物。画中织物明显反织，织工手中有三把小梭子，一把正从经丝中间穿入进行挖花，另两把留在织物表面，这样的织物应该是一种妆花缎织物。

1.《上经》中的束综提花机
2.《攀华》中的束综提花机

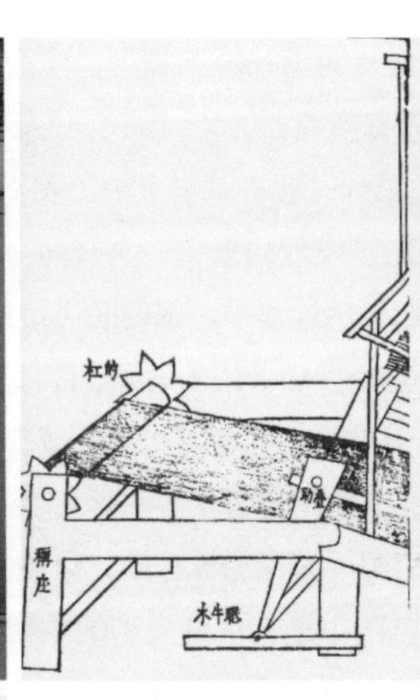

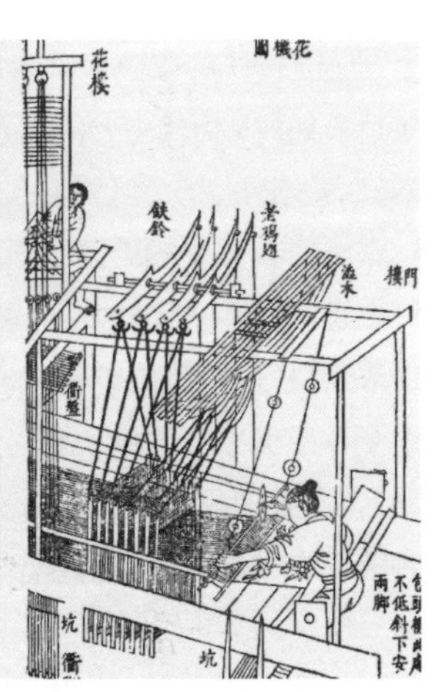

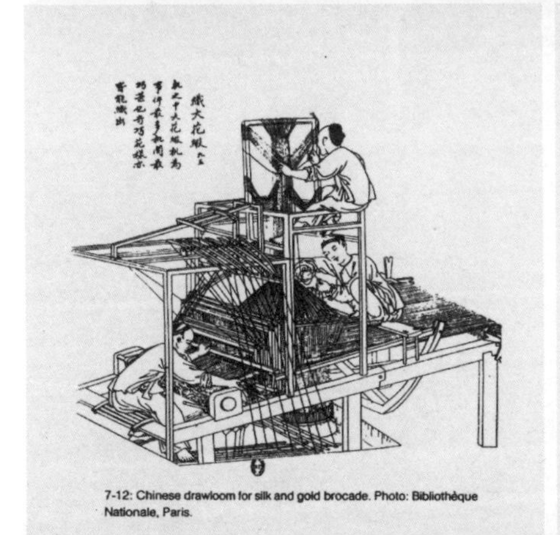

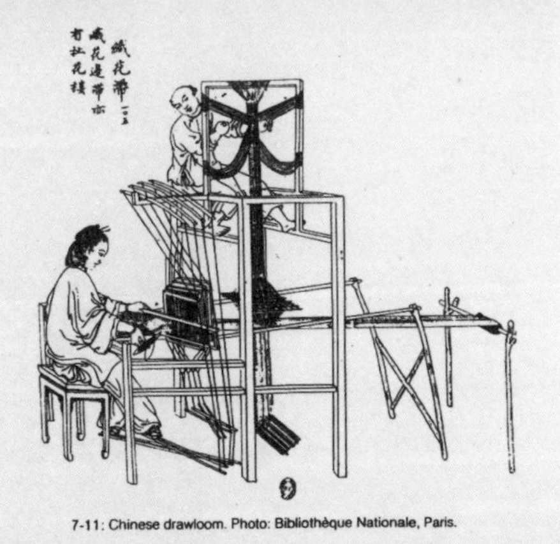

1	2	3
4	5	

1. 宋人《耕织图》中的提花机
2. 宋吴皇后本《蚕织图》中的提花机
3. 明宋应星《天工开物》中的花机图
4. 法藏《蚕织图册》中的织大花缎机
5. 法藏《蚕织图册》中的织花带

染坊工具

中国传统的染色工具通常称为"一缸两棒"，十分简单。事实也是如此，历代主要的染具有染灶、染锅、染缸、染棒、拧绞砧、晒架、晒棚等。专用于染色的染灶一般有着多个炉子和锅子（镬）。《蚕桑萃编》中的染色图画出了染灶的形状，它有两个炉口和两只染锅，俗称"双眼灶"。在染色过程中，锅内既可浸渍、煮烧、提取染料，亦可盛放染液。染缸是盛放染液的容器，有时为了保温，可半埋于土中。染棒主要用于搅拌，也可以用来拧绞。《纺织图册》染色图中还出现了拧绞砧，它是设有基座的垂直型木桩装置，将练染的绞丝一端套于木桩，另一端用染棒拧绞，可脱去残液。

此外，《纺织图册》染色图中还有一件大型的木架，在染坊中还是第一次看到，从功能上来说或可以称为压液机。其用途有两种可能：一是用于染匹料时的脱液，把染好的匹料叠起来后放在夹木之中，靠一端的人力把染液挤压出来；二是染料植物在水煮后将其榨干、提取染汁所用的工具，同时代的造纸手工业中也有非常类似的榨汁工具。

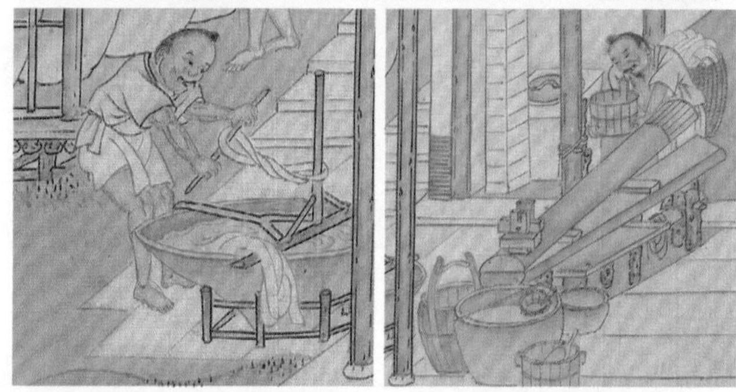

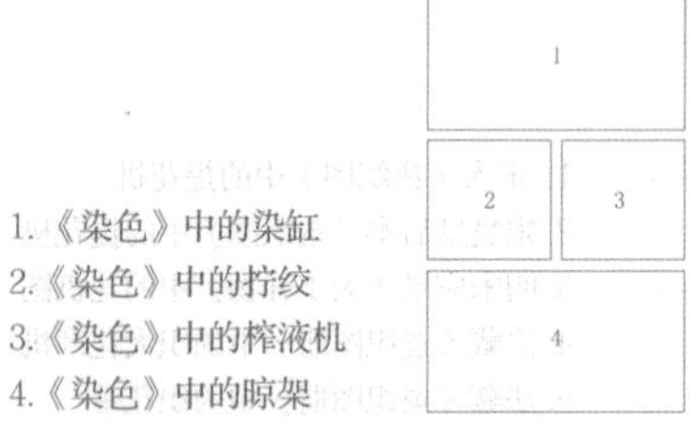

1.《染色》中的染缸
2.《染色》中的拧绞
3.《染色》中的榨液机
4.《染色》中的晾架

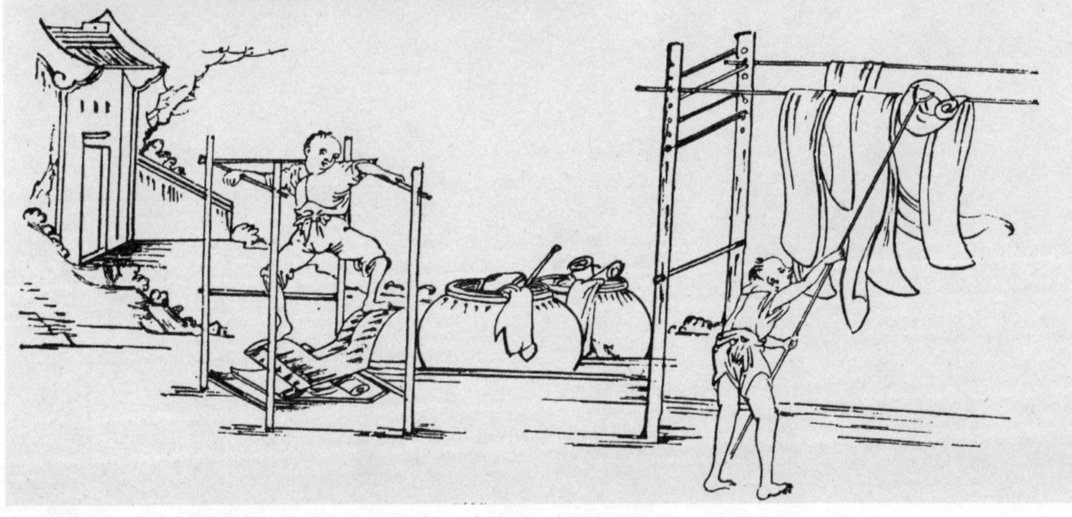

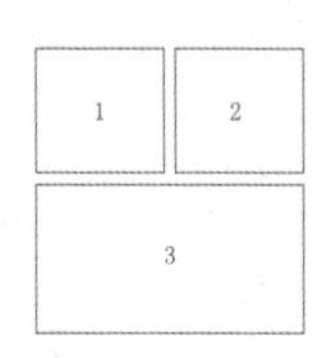

1. 清焦秉贞《耕织图》中的染色
2. 清卫杰《蚕桑萃编》中的染色
3. *China* 中的踹染坊

五／《纺织图册》中的生活环境

建筑与家具

《纺织图册》中的建筑应该是部分来自生活，部分来自创作。它们大部分建在水边，体现了江南水乡的特点，但也不完全是江南的建筑。为了表现画中的纺织场面，吴祺多采用亭、廊等通透或有较多门窗的建筑，屋顶多作歇山顶，但经常采用瓦片、茅草等交叠，时而有简易的栅门，显示出庄园的安静与农村生活的艰辛。这与清代唐岱《绘事发微》中所说相符：“水乡人家，桔槔声起，牛背笛声，两两归来，此耕田凿井余风也，在江南则有之。”撚线一幅之中还画了水碓，利用水流的动力推动水碓，应该是在杭州附近山区才能看到。而屋中家具多为木制桌凳，十分写实，只是稍显程式化。

1	2	3	4	5	6
7	8	9	10	11	
12	13	14	15	16	17

1.《剪帛》
2.《上经》
3.《蚕蛾》
4.《成衣》
5.《成衣》
6.《大纺》
7.《豁笔》
8.《络丝》
9.《摇誉》
10.《做绵》
11.《染色》
12.《木轴》
13.《攀华》
14.《络绒》
15.《成衣》
16.《捻线》
17.《剪帛》

人物与服饰

刘崧（1321—1381）于洪武九年（1376）跋宋人《蚕织图》曰："翁媪长幼皆趋跄执事，无闲散者，此外若树木户牖几席之次，筐筥釜盎簇箔机篗之具，与凡人事物色，无不曲尽形态。"这里除了纺织操作人员之外，还画到了蚕乡农户的各种翁媪长幼，特别是祀谢一幅中有男女老幼九人，年岁相差甚大，但各具特征。中国文人山水画中也多配人物，形成不少规则。正如清丁皋《写真秘诀》云："或凭片石清凝，或抚孤松挺拔，或立而观泉，或坐而望月，或席地而衔杯，侍立有执壶之仆，或登山而采药，追随有负笈之童。或倚亭而啜茗看花，或泛艇而囊书载月。或钓鱼于苔矶之上，或听鸟于柳岸之间。或弹琴于竹林几上，有香烟缥缈，或敲棋于石磴榻前，有茶沸氤氲。或游春而携酒抱琴，或策杖而寻梅踏雪。或停车坐爱枫林，或勒马细看山色。"但这里有更多的田园景色，或倚栏观织，或隔栏对语，或与童戏耍，或担水河边，或汲水而行，或托盘送茶，或教子念书，女缚头巾，童戴虎帽，一片欢乐农家的气氛。

1	2	3	4
5	6	7	8
9	10	11	12

1.《成衣》　7.《络丝》
2.《成衣》　8.《木轴》
3.《大纺》　9.《上经》
4.《纺绸》　10.《祀谢》
5.《剪帛》　11.《织䌷》
6.《练丝》　12.《剪帛》

植物

江南乡村之植物，竹子也许是最为常见的，但亦见其他各植物，榆、柳茂于村舍，松、桧郁乎岩阿，芦、草长于溪岸。清丁皋《写真秘诀》云：“雅式园林布置，亦须山水幽居。亭沼陪衬，莫若松先。密竹谷空虚，仍用烟云断续，曲溪辨深入，尤凭树石参差。”但到了画中，其实画家并没有把各个树种分得那么清楚，而更多的是从树叶的画法进行区别，画个大概就可以了。清郑绩《梦幻居学画简明·论山水》论树：“山水中树体不一，如松、杉、竹、柏、梅、柳、梧、槐之外，各体杂树，均无定名，但以点法分类，如尖头点、平头点、菊花点、介字点、个字点、胡椒点、攒聚点。夹叶双勾，如三角、圆圈、重尖，俱用笔象形因以为名，非树果有些名也。”所以这样来看，要真正分出树的类名还是非常难的。

1	2	3	4	5
6	7	8	9	10
11	12	13	14	15	16

1.《蚕蛾》
2.《蚕蛾》
3.《成衣》
4.《大纺》
5.《纺绸》
6.《纺绸》
7.《剪帛》
8.《络绒》
9.《捻线》
10.《祀谢》
11.《祀谢》
12.《摇簪》
13.《运经》
14.《织紬》
15.《织紬》
16.《做绵》

家禽家畜

农户之家禽家畜，如羊、狗、猫、鸡、鹅等，在《纺织图册》中均有表现，而且简洁生动，与图中主体相得益彰。

鸡为寻常数见之物，《纺织图册》画了两组。“成衣”中的一组是一公鸡和两母鸡一起吃食，另一组在“络丝”中，是一只母鸡带着一群或黄或白的小鸡在户外寻食。“做绵”一幅水对岸有一群山羊，羊的毛色有黑、灰、白等。

狗为家畜，其形色固多。“络丝”的水边和“剪帛”的门内都是一只黑色小狗。“织䌷”中的是两只白色小狗，体形较肥，尾巴像猫，但头与嘴还是可以明显地看出狗的特征。清郑绩《梦幻居学画简明·论花卉翎毛》云：“凡狗头如葫芦，耳如蚬壳，其腹则上大下小，其尾则常竖摆摇，种类虽多，不外实毛、松毛两种耳。”

猫也是清代书画中的常见动物，郑绩《梦幻居学画简明·论花卉翎毛》中说：“头、尾、面、目形同小虎，有黄、黑、白数色及三色驳杂如玳瑁斑者。法先写眼，次鼻口耳，将头面写成，看其头势正、侧、俯、仰，应行应卧，然后配身、安足、加尾，以助其势。”《纺织图册》中的“木轴”中有三只猫在一起戏耍，分别是白、黑及黑白斑纹。“摇簪”中也是三只猫，黑猫大，白猫小，黄白斑猫正欲加入。

最有意思的是“成衣”中的屋侧有一圈起来的小园，园中有四只白鹅，清郑绩说：“鹅毛色白者眼黄、喙黄、红掌、红髻。凡鹅多肥臀、矮脚，行则俯首，立则昂头。”画中有一对鹅正从盘中饮食，另一正行也是俯首，而只有一只昂首站立。鹅的造型非常准确。

1	2	3
4	5	6
7	8	9

1.《络丝》
2.《成衣》
3.《成衣》
4.《织䌷》
5.《成衣》
6.《络丝》
7.《摇簪》
8.《木轴》
9.《做绵》

祀谢

传说中蚕桑丝绸的始祖为黄帝元妃嫘祖。《路史·后纪五》载："黄帝元妃西陵氏曰嫘祖，以其始蚕，故又祀先蚕。"但民间的蚕神则有很多版本，最为常见的是马头娘："高辛时，蜀有蚕女不知姓氏，父为人所掠，唯所乘马在。女思父不食，谓母因誓于众曰：有得父还者，以此身嫁之。马闻其言，惊跃振迅，竟至其营。不数日，父乃乘马而发。自此马嘶鸣不肯断。母以女誓众之言告父，父曰：誓于人不誓于马，安有人而偶非类乎？能脱我之难，功亦大矣，所誓之言不可行也。马跑，父怒，欲杀之，马愈跑，父射杀之，曝其皮于庭，皮蹶然而起，卷女飞去。旬日，皮复栖于桑上，女化为蚕，食桑叶吐丝成茧，以衣被于人服。"因此各地均祀马头娘或称马鸣王菩萨为蚕神。

此外，蚕神种类有蚕三姑、青衣神、蚕母娘娘、蚕花五圣等多种。清董蠡舟《南浔蚕桑乐府》有"赛神"一诗："花冠雄鸡犬母彘首，佳果肥鱼旧醑酒。两行红烛三炷香，阿翁前拜童孙后。孙言昨返自前村，闻村夫子谈蚕神。神为天驷配嫘祖，或祀菀窳寓氏主。九宫仙嫔马鸣王，众说纷纶难悉数。"此诗正好说明了当时当地的蚕神也有不少，但老百姓并不是很在乎，"翁云何用知许事？但愿神欢乞神庇"。历代蚕织图基本都有祀谢场面，而这一图恰是在杭州附近蚕桑祭祀最为写实的记录！

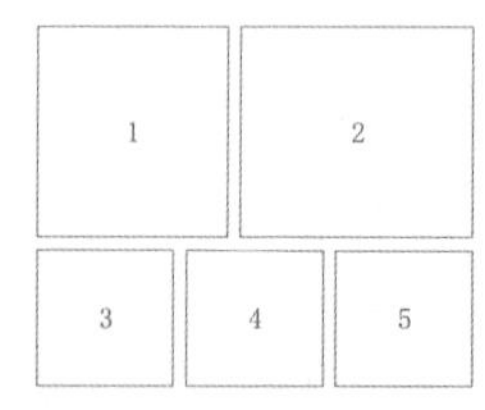

1. 清吴祺《纺织图册》中的祀谢
2. 清吴祺《蚕织图册》中的祀谢
3. 清郝子雅《蚕桑器具图》中的祀先蚕图
4. 清郝子雅《蚕桑器具图》中的谢先蚕
5. 法藏《蚕织图册》中的酧神

祀先蚕图
一家大小谨神明
惟祈三春蚕事成
满室撷筐蒙神佑
盈箱衣帛托圣灵
三

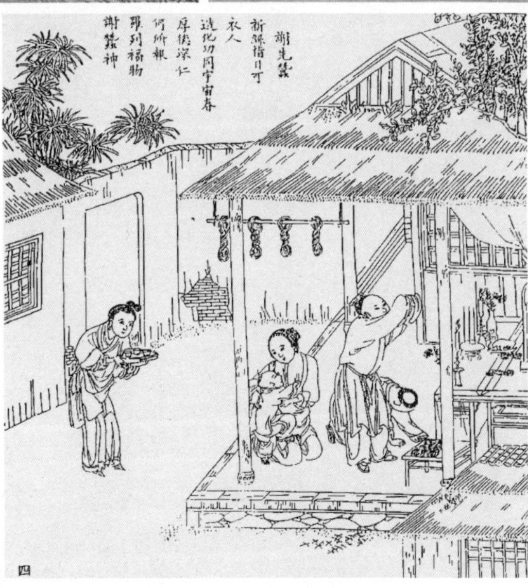
谢先蚕
新丝指日可衣人
造化功同宇宙春
厚德深仁何所报
罗列福物谢蚕神
四

酧神

六 / 吴祺作品集录

砚耕堂图立轴

绢本设色 清雍正六年（1728）
170.3cm × 42.3cm

题记：砚耕堂图。时雍正六年冬十一月五日，吴祺
钤印：“吴祺之印”白文方印，“以扭”朱文方印
临海市博物馆 藏

画中以巨石杂树为近景，长松飞瀑为中景，绵叠群山为远景，有二老弈围棋于松荫石上，另有一老在旁侧观看。离此不远处，又有二童煮茶于旁。人物生动，笔力劲健。

松下对弈原是中国古代人物画中常见的题材。山石的风格多仿范宽。

题记中用的是“砚耕堂”，时雍正六年冬十一月五日。钤印中除“吴祺之印”白文方印外，又有“以扭”朱文方印。

备注：

据临海市博物馆陈引奭馆长告：该馆所藏基本为中华人民共和国成立初期项士元先生从台州各地征集，由于当年记录不是很详细，目前无法了解此画的来历，估计应是从天台齐氏家族征集。

梅山寻幽图立轴

绢本设色 清
151cm × 39cm

题记：雪崖山人写于砚耕书屋
钤印："吴祺之印""以掫"
萧山博物馆 藏（2005）

远处为一高山，山石巨大，但并无细节。画中中景为山中树林，枯枝横出，苍劲有力。但到近处，则还是山路，路上一老一少两人行走。老者在前，策杖而行，回头呼唤少童。少童在后，背上负书一箧，紧紧跟上。再近处还是枯枝苍劲，有一树老梅，数朵梅花正开，所以早年省市鉴定专家将其定名为"梅山寻幽"，但整个画面显然就是一片深秋景色，秋意萧瑟。

画上题记有"雪崖山人"和"砚耕书屋"。"雪崖山人"与山水立轴中的"雪崖吴祺"相合，说明雪崖山人是其号，而"砚耕书屋"则与"耕砚堂"相合，可知两者可以互称；也说明这两幅画作的时间可能比较接近，可能还是在雍正年间。

备注：

据萧山博物馆原馆长施加农告：此画来自萧山瓜沥吴养身医生，他曾收藏很多书画。此画在"文化大革命"时期差点被烧掉，经文物部门抢救保留下来。1980年落实政策时，吴养良遗孀把书画捐出，由政府奖励其4000元，并归还五幅画留给其子女。

山水立轴

绢本设色 清乾隆十年（1745）
137cm × 104cm

题记：雪崖吴祺写于青桐书屋，时在乙丑长夏日
钤印："吴祺之印"白文方印，"以拒"朱文方印

此画正中为一宽阔水面，水波荡漾。远处是一阙城市，中有楼阁高矗，屋宇鳞次栉比，宫柳环绕，城墙绵延。城外是几处低房，渐至水边，还有小桥斜立，小路蜿蜒，沿溪水而上。溪水下注成一湖，烟波浩渺。湖之此岸有一亭，亭内三人，二长一少，红衣男子正值中年，而白衣男子已有白发，两人似正在畅谈，并呼童子捧来书籍。考虑到吴祺为杭州人，此中画面亦有可能是杭州西湖。

画上题记中出现了"雪崖"，又出现了"青桐书屋"，可见砚耕堂到此时已换成了青桐书屋。"时在乙丑长夏日"，长夏是指当年夏天，与画中柳树等正合。

备注：

天津德隆国际拍卖有限公司 2016 年秋季拍卖会古代绘画场"旧时遗珍" 0040 华艺国际（广东），2016 年 11 月 25 日。

雪崖吴祺写于青桐
书屋时在
乙丑长夏日

贤母捡玩图立轴

绢本设色 清
157cm × 93cm

题记：雪崖山人吴祺摹于青桐书屋
钤印：“吴祺之印”白文方印，“以拒”朱文方印

画中一堵白墙如屏风，屏前一组人物，有一老妇坐在凳上，应该就是题字中所称的“贤母”，其余还有一男两女三童子，一男一女带着三个孩子前来贡献各种古玩，另一女子正在帮贤母接纳贡献的古玩。两张长桌上已经摆满了古玩，有各种青铜、玉器、画卷等。屏后青松高立，屏前根据画上题款，绘画的题材是“贤母捡玩图”。题记中有：“雪崖山人吴祺摹于青桐书屋”，与山水立轴题记同时用到“雪崖”和“青桐书屋”同，有可能时间比较相近，在清乾隆十年（1745）前后，应该不会早于乾隆。

这类题材并不多见。但清代康涛也有一幅《贤母图》（左图），立轴，设色绢本。从图上题款“临民听狱，以庄以公。哀矜勿喜，孝慈则忠”，可以推知此为贤母向即将离家赴任的儿子所作的教诲。但画面构图与吴祺《贤母捡玩图》十分相近，也是一处画屏，贤母坐在榻上，儿媳恭顺侍立在后，儿子恭敬聆听在前，书童等候在侧。康涛，杭州人，是雍正、乾隆年间画家，以人物画著称，承明代仇英、尤求白描传统，尤精仕女，姿态静逸。

此外还有一幅王树穀《捡玩图》，立轴，设色绢本。上有题款：“唐史载郭令公大节，彪炳功勋烂然，生八子七女。诸孙问视，不能识，颔之而已，寿八十有五。封尚父、太尉、中书令、汾阳忠武王，为古今名臣第一老人。为图拟检玩图，以写其富贵寿考，为君子颂云。雍正十年（1732）春三月，王鹿丰慈竹父摹于古松堂，时年八十有四。”钤朱印：琴香云卧蔑。王树穀，字原丰，号无我，也是杭州人。此画结构布局与前两幅也非常类似，也是在屏风前接受众人带来的古玩。如此看来，吴祺的《贤母捡玩图》还是有着一定的时代和地域特色的。

备注：
中国嘉德（北京）2001 年春季拍卖会中国古代书画，2001 年 4 月 25 日。

賢母檢甑圖
雪崕山人吳祺摹於
青桐書屋

仿范宽山水立轴

绢本设色 清乾隆四十九年（1784）
158cm × 40cm

题记：仿范华原。甲辰三月写于介眉堂，钱塘吴祺
钤印：“吴祺之印”白文方印，另有一方朱文方印，
　　很可能就是“以拒”

此幅山水立轴画的是崇山峻岭，远山巍峨，近水奔流。此间又分为三个层次，中间是一座城楼和一面城墙，像是一处万夫莫开的关隘。关后有一些寺庙类的建筑，也有普通的建筑，应该是一座大城市。而近处有四头骡子，骡身驮着重物，正在行走，但看不到人。

画上题记写“仿范华原”。范华原即范宽，又名中正，字中立，因是华原（今陕西铜川）人，所以也称范华原。他是北宋早期的著名山水画家，其最为重要的存世作品就是藏于台北“故宫博物院”的《溪山行旅图》（左图），被誉为“宋代绘画第一神品”。画中巨峰耸矗，山涧瀑布直泻，山脚雾气迷蒙，老树挺拔，溪水奔流，路上有人赶着骡队经过。比较之下，吴祺的山水立轴还是明显效仿范宽，特别是路上的骡队，只是人物形象已在画外。

根据此画题记，画家于“甲辰三月写于介眉堂”，“介眉”为祝寿之词，所以这个甲辰应该是乾隆四十九年（1784）比较合适。据此，此画是吴祺传世作品中最晚者，吴祺此时应该已经年过古稀。

备注：
嘉德 2003 年秋季第三十五期拍卖会。
浙江三江拍卖有限公司 2014 年秋季艺术品拍卖会。
北京荣宝拍卖有限公司 2018 年春季艺术品拍卖会，2018 年 6 月 14 日。

溪山对晤图立轴

绢本设色 清乾隆十四年（1749）
256.67cm × 115.67cm

题记：己巳季夏望日，雪崖山人吴祺写于青桐书屋
钤印：“吴祺之印”“以拒”

此画未能找到原画，但据当时图录记载：淡着色画，溪山悬泉之前，二高士作对话状，一童子持笻后侍立。看来题材应该与临海市博物馆藏《砚耕堂图》立轴比较接近。但画上题记有己巳季夏，故知作品年代应该是在乾隆十四年（1749）。同时又见“雪崖山人吴祺写于青桐书屋”，与乾隆十年《山水》立轴中的“雪崖吴祺写于青桐书屋”近，正好证明雪崖山人和青桐书屋是吴祺在乾隆早年最为常用的外号和斋名。

此画曾由日本澄怀堂美术馆藏。澄怀堂美术馆是展示山本悌二郎收藏的中国书画的专门美术馆。山本曾任中国台湾制糖株式会社代表，田中义一、犬养毅内阁时历任农林大臣等，活跃于日本政财界。山本悌二郎年轻时收集近世儒家的遗墨，后得到内藤湖南、长尾雨山、黑木钦堂、罗振玉等高人指点，开始重视收藏中国书画，其收藏品在日本私人的中国书画收藏中属于最大规模，但后来不知所终。

淺絳秋景山水なり。布局は瑣碎の嫌なきにあらざるも、筆墨は渾淪にして大家の風あり。上に行書を以て一詩を系く、云はく

綠陰亭畔小橋斜。徑接前村處士家。滿目秋容相座看。擧頭吟咏思無涯。

戊辰七月環山方士庶於天慵書屋

小師道人、天慵書屋、方印士庶の三印及び偶然拾得の黑印を鈐せり。戊辰は乾隆十三年なり、乃ち士庶の五十七歳に當れり。その書法に於ける士庶の名當時に重かりき。今此の幅の題字を見るに、結構嚴密、字字仙骨を具ふ。

吳祺溪山對晤圖立軸

高七尺七寸　圖三尺四寸七分　絹本

淡著色畫、溪山懸泉の前に、二高士對話の狀を爲し、一童子節を持して後に侍立せり。款識に云はく「己巳季夏望日、雪蜓山人吳祺寫於青桐書屋」と。吳祺之印、以拒の二印を鈐せり。己巳は乾隆十四年なり。

畫史彙傳に據れば、吳祺は人物に陳洪綬を宗とせりと云ふ。今此の軸を見るに、樹石人物皆洪綬華嵒の間に出入し、精緻の中に淸逸を寓し、尋常畫史の習氣なし。

董邦達溪山蘭若圖立軸

高二尺三寸一分　圖一尺六分　黃箋本

董邦達經意の作なり。細筆勾皴して墨光輝映す。「董邦達謹寫」と款識し邦達、恭畫の二小印を鈐せり。右下角に皇五子鑑賞之章の大印あり、幅の上端に皇五子の七言長篇の題詩あり。「乾隆癸未長至前一日、皇五子題並書」と款識せり、癸未は乾隆二十八年なり。邦達は康熙三十八年に生れ、乾隆三十四年七十一歳を以て歿せり。皇五子の題詩、邦達の作畫、倶に同時なりとすれば邦達此の時六十五歳なり。

邦達の山水は法を宋元に取り、善く枯筆を用ゐて勾勒皴擦し、深く古法を得て神韻油然たり。當時董其昌の後勁を以て目せられき。石渠隨筆に邦達を評して曰はく「山水の畫法は國朝第一手と爲す。其の山顚は雲頭羊毛皴の法多く、屋子は皆整齊の界畫にして、草草の茅廬を作れるものなし、蓋し北宋の法なり、魄力大にして神韻固足、又一種の士氣あり、煙客麓臺の能く及ぶ所にあらざるなり」と。邦達は久しく内廷に供奉し、其の筆墨は奉御の作多し、石渠の

参考文献

【绘画】

南宋吴皇后题注本《蚕织图》，黑龙江省博物馆藏

南宋梁楷《蚕织图》，美国克利夫兰艺术博物馆藏

清佚名《蚕织图册》，中国丝绸博物馆藏

清佚名《蚕织图册》，法国国家图书馆藏

【古籍】

宋楼钥《攻媿集》

元王祯《农书》

元薛景石《梓人遗制》

明邝璠《便民图纂》

明宋应星《天工开物》

清焦秉贞《耕织图》

清沈秉成《蚕桑辑要》

清汪日桢《湖蚕述》

清卫杰《蚕桑萃编》

清郝子雅绘《蚕桑器具图》

大关增业《机织汇编》，江户科学古典丛书 15，恒和出版，1979 年。

山本悌二郎编著，《澄怀堂书画目录》卷七，澄怀堂铅印本，1931 年。

【论著】

John Henry Gray，*China*，1878。

China 中的络垛（*E. R. Scidmore, China: The Long-Lived Empire, 1900*）

林桂英、刘锋彤：宋《蚕织图》卷初探，《文物》1984 年第 10 期，第 31—39 页。

赵丰：《蚕织图》的版本及所见南宋蚕织技术，《农业考古》1986 年第 1 期，第 345—359 页。

王潮生：几种鲜见的《耕织图》，《古今农业》2003 年第 1 期，第 64—80 页。

施加农：《萧山博物馆书画珍品集》，文物出版社，2011 年，第 7 页，图 4。

应金飞主编：《其耘陌上：耕织图艺术特展》，浙江人民美术出版社，2020 年。

致谢

中国丝绸博物馆
临海市博物馆
萧山博物馆
北京荣宝斋
中国嘉德（北京）
天津德隆等提供图像资料

凌利中、周永良、沙文婷、吴旻、陈引爽、施加农、徐明等提供各种指点和帮助
白谦慎先生为本书题写书名

责任编辑：邓秀丽
执行编辑：周倩丽
封面题签：白谦慎
装帧设计：陈沛涛
责任校对：纪玉强
责任印制：张荣胜

图书在版编目（CIP）数据

机杼丹青 ： 吴祺《纺织图册》解读 / 赵丰著． --
杭州 ：中国美术学院出版社，2021. 1
ISBN 978-7-5503-2355-1
Ⅰ. ①机 Ⅱ. ①赵 Ⅲ. ①纺织工艺—图集
Ⅳ. ① TS104.2-64

中国版本图书馆 CIP 数据核字（ 2020 ）第 161791 号

机杼丹青：吴祺《纺织图册》解读

赵 丰 著

出 品 人：祝平凡
出版发行：中国美术学院出版社
地 址：中国 • 杭州市南山路 218 号 / 邮政编码 310002
网 址：http：//www.caapress.com
经 销：全国新华书店
印 刷：杭州捷派印务有限公司
版 次：2021 年 1 月第 1 版
印 次：2021 年 1 月第 1 次印刷
印 张：8
开 本：889mm×1194mm 1/16
字 数：250 千
书 号：ISBN 978-7-5503-2355-1
定 价：128.00 元